Vincent Bechmann

Philip Kiefer

Mathe-Sammelsurium

Philip Kiefer

Mathe-Sammelsurium

Ravensburger Buchverlag

Bibliografische Information Der Deutschen Nationalbibliothek

Die Deutsche Nationalbibliothek verzeichnet diese Publikation in der Deutschen Nationalbibliografie; detaillierte bibliografische Daten sind im Internet über *http://dnb.d-nb.de* abrufbar.

4 3 2 1 11 10 09 08

Illustrationen: Liliane Oser
Redaktion: Yvonne Stein
Printed in Germany
ISBN 978-3-473-55215-3

www.ravensburger.de

Inhalt

Hier ist dein Rechen-Talent gefragt: Löse die kleinen Aufgaben, um die Seitenzahlen herauszufinden!

Die Mathematik **7 + 4**

Dieses Sammelsurium … **6 + 5**

Arabische Ziffern **17 – 5**

Kannst du das Problem lösen? **4 x 3**

Mathematische Redensarten **17 – 4**

Rechen-Genie **11 + 2**

Das kleine Einmaleins **7 x 2**

Damals ohne Taschenrechner **9 + 5**

Gefahr aus dem Weltall **5 x 3**

Teenie **25 – 10**

Die Grundrechenarten **8 x 2**

Der Mathe-Lehrer … **4 x 4**

Das Googol **22 – 5**

Ägyptische Ziffern **10 + 8**

In der Eisenbahn **6 x 3**

Zahlenpalindrome **16 + 3**

„Herr Lehrer, …“ **25 – 6**

Der kluge Hans **4 x 5**

Können Tiere rechnen? **14 + 7**

Schlaue Antwort **7 x 3**

In einer Straße … **25 – 3**

Die Null **66 ÷ 3**

Zwei Freundinnen **27 – 4**

Römische Zahlen **6 x 4**

2009 auf Römisch **11 + 13**

Nanu: 13 ÷ 2 = 8?!? **5 x 5**

Seltsame Maße **29 – 4**

Bringt die 13 Unglück? **28 – 2**

Wusstest du, … **14 + 13**

Das Zehnersystem **29 – 2**

Zahlenmystik **14 x 2**
Wie werden Kreise gemessen? **6 x 5**
Freche Antwort **40 – 9**
Ludolph van Ceulen **39 – 8**
Milchmädchenrechnung **28 + 4**

Noch mehr Finger **8 x 4**
Rechnen mit den Fingern **11 x 3**
Zählmarathon **28 + 6**
Gerecht verteilt **17 x 2**
Auf einer halben Glatze … **17 + 18**
Filmklassiker von 1 bis 10 **7 x 5**
Böse Sieben **39 – 4**
Eine Pyramide aus vier Punkten **18 x 2**
Die Zahl 1089 **23 + 14**
Ein Ei … **42 – 5**
Der berühmteste Mathematiker der Antike **19 x 2**
Die größten drei **58 – 20**
Mathematik-Olympiade **41 – 2**
Ganz schlau **13 x 3**
Chinesische Zahlen **10 x 4**
Federleicht? **80 ÷ 2**
Wer hat die Schule erfunden? **44 – 3**
Hotdog-Meister **7 x 6**
Mathematik **21 x 2**
Eselsbrücke **46 – 3**
Die Zahl 142 857 **43 – 0**
Was sind natürliche Zahlen? **22 x 2**
Primzahlen **88 ÷ 2**
Primzahl-Rekorde **50 – 5**

„Hurra, es sind Zwillinge!" **9 x 5**
Die 2 … **55 – 10**
Vierecke **23 x 2**
„Ich bin seit zwanzig Jahren …" **34 + 12**

Eckig **41 + 6**
Das 65 537-Eck **39 + 8**
Alice im Zahlenland **24 x 2**
Kredite auf Holz **5 x 10**
Zwei Schwestern … **43 + 7**
Die Würfel sind gefallen **48 + 3**
Eifersüchtiger Mathematiker **57 – 5**
Laut seinen Noten … **69 – 17**
Mathe-Engel in Weiß **51 + 1**
Reise in den Reichtum **100 – 47**
Sparfuchs **50 + 3**

Mathematische Scherzfragen **39 + 15**
Die alten Germanen **28 + 26**
Rekordverdächtig **5 x 11**
Weibliche Rechenasse **48 + 7**
Der Meter **47 + 9**
Fibonacci-Zahlen **60 – 3**
Ganz schön geizig **53 + 4**
Hellseher?!? **99 – 41**
Immer die 7 **56 + 2**
Die Elf **60 – 1**

Was ist ein Dutzend? **46 + 13**
So klein ist die Welt **30 x 2**
Alte Rechenmeister **60 + 1**
Magische Quadrate **62 x 10**
In welchem Fall … **60 + 2**
Das Hexeneinmaleins **59 + 4**
Es war einmal … **32 x 2**
So kann man auch rechnen **86 – 20**
PISA **77 – 10**
Optische Täuschung **69 – 1**
Bauernmultiplikation **23 x 3**
Spitzfindig **40 + 30**

Die etwas anderen Top Ten **100 – 30**
Angenommen, du hast … **35 x 2**

Der Satz des Pythagoras **90 – 19**
Geheimsprache mit Zahlen **8 x 9**
„Miss alles, …“ **68 + 4**
Rechentrick **76 – 3**
Die Zahl **84 – 10**
Mathematische Zeichen **43 + 31**
Berechne … **37 x 2**
Dyskalkulie **82 – 8**
Vierstellige Zahlen **15 x 5**
Zählen auf Esperanto **81 – 5**
Clevere Frauen **92 – 15**
Kugelrund **39 x 2**
Kugelproduktion **82– 4**
Origami-Würfel **71 + 8**
Würfelspiele **56 + 24**
Von Bienen und Blüten **81 + 1**
Ein Birnbaum … **41 x 2**
Pokerrunde **89 – 6**
Wer knackt den Jackpot? **69 + 14**
Besondere Zahlen **93 – 9**
Das „Pascalsche Dreieck“ **17 x 5**
Tipps für die nächste Mathe-Arbeit **94 – 8**
Max musste nachsitzen … **99 – 12**
Pedaltritt **63 + 24**
Wie viel ergibt … **90 – 3**
Hölzerner Helfer **22 x 4**

Rechnen mit dem Abakus **36 + 53**
Brüche tun nicht immer weh **45 x 2**
Mathe mit Streichhölzern **27 + 64**

Lösungen der Streichholzrätsel **96 – 4**
Beim Elternabend **70 + 22**
Computerzahlen **103 – 10**
Kannst du ausrechnen, … **59 + 34**
Verbrecherjagd auf Italienisch **96 – 2**
Rechnen mit Knoten **86 + 9**
Wunderkind **16 x 6**
Ein weiteres Genie **120 – 23**
Früh übt sich **49 x 2**
Sieben Kerzen brennen, … **98 + 0**

Verschiedene Winkel **97 + 1**
Rechnen mit Buchstaben **11 x 9**
Königliche Reise **25 x 4**
Ausreden für den Mathe-Unterricht **64 + 36**
Vedische Rechentricks **122 – 21**
Nummernschilder **98 + 4**
In einem Regal … **94 + 8**
Quadratzahlen **123 – 20**

Ein Schüler … **102 + 2**
Logische Trugschlüsse **110 – 6**
Zählen und Ordnen **124 – 19**
Tic Tac Toe **21 x 5**
Die Erfindung des Schachspiels **136 – 30**
Männer und Frauen **214 ÷ 2**
Ein schnelles Köpfchen **113 – 6**
Rechenhirn **104 + 3**
Grusel-Zahl **54 x 2**
Mathe und die Natur **99 + 10**
Da raucht der Kopf! **120 – 10**

Der Taschenrechner 99 + 13
Diebesgut 90 + 23
Wer gewinnt? 60 + 53
Hahaha! 112 + 1

Malender Mathematiker 115 – 1
Mathe im Museum 128 – 14
Wie viele Vierecke … 101 + 13
Mathematische Gesetze 145 – 30
Isaac Newton 113 + 3
Das Gesetz der Schwerkraft 124 – 8
Computer-Crack 117 – 0
Ein reicher Kaufmann … 123 – 6
Geld gespart 90 + 27
7 Tipps für den Mathe-Unterricht 120 – 2
Abschlusspanne 102 + 16
Wo arbeiten eigentlich Mathematiker? 111 + 8
Wer hätte das gedacht? 123 – 4
Mathematik und Philosophie 120 ÷ 1
Schon gewusst? 120 + 1
Leichter und schneller kopfrechnen 129 – 7
„Nur ein Genie …“ 50 + 74
Chaotisch 113 + 11
„Chaos ist …“ 143 – 19

Geburtstags-Rechentrick 131 – 6
Wichtige Mathe-Wörter 63 x 2
Ein Ende … 140 – 12

Die Mathematik

Neben Sport ist Mathe das beliebteste Schulfach bei Kindern zwischen sechs und zwölf Jahren. Das wurde bei einer Studie herausgefunden. Laut der Untersuchung gehen drei Viertel der Kinder sehr gern zur Schule. Allerdings ist nicht alles perfekt: Mädchen mögen strenge Lehrer am wenigsten, Jungs stören sich vor allem an den Hausaufgaben.

Die Mathematik ist eine der ältesten Wissenschaften überhaupt. Bereits die alten Ägypter, Babylonier und Chinesen beschäftigten sich damit. Von vielem, das Kinder heutzutage in der Schule beigebracht bekommen, konnten sie allerdings nur träumen.

Mathe gehört zum Leben dazu. Wer im Supermarkt einkauft, braucht Mathe. Wer wissen will, wie lange er für die Fahrt zur Schule benötigt, braucht Mathe. Wer beim Fußballspielen die Tore zählen möchte, braucht ebenfalls Mathe.

Dieses Sammelsurium ...

... will dich in die spannende Welt der Mathematik entführen. Du erfährst vieles über Mathe, was du bislang bestimmt nicht wusstest. Außerdem helfen dir eine Menge Tricks, Rätsel und Aufgaben, (noch) besser in Mathe zu werden. Und dabei kannst du dir sicher sein: Der Spaß steht immer im Vordergrund!

Arabische Ziffern

Die Ziffern, die wir heute in der Mathematik verwenden, stammen ursprünglich aus Indien. Sie wurden im Mittelalter von den Arabern nach Europa gebracht und erhielten deshalb die Bezeichnung „arabische Ziffern".

Mit den zehn arabischen Ziffern kannst du jede beliebige Zahl bilden. Sie lauten:

0, 1, 2, 3, 4, 5, 6, 7, 8, 9

Die arabische Schrift liest man von rechts nach links. Im Deutschen ist das bei zweistelligen Zahlen ebenso: 23 heißt dreiundzwanzig. In anderen europäischen Sprachen werden die Zahlen von links nach rechts gelesen: twenty-three (Englisch), vingt-trois (Französisch), ventitré (Italienisch) usw.

Das Wort „Ziffer" kommt übrigens vom arabischen Wort „sifr", das „Null" bedeutet.

Kannst du das Problem lösen?

Bilde eine Rechenaufgabe, bei der du nur die Ziffer 1 verwendest und bei der das Ergebnis 100 sein soll.

(Lösung: 111 − 11 = 100)

Mathematische Redensarten

„Nach Adam Riese“: Diese Redensart geht auf den deutschen Mathematiker Adam Ries zurück, der von 1492 bis 1559 lebte. Adam Ries verfasste eine Reihe von Rechenbüchern, unter anderem „Rechnung auff der linihen“, das den richtigen Umgang mit einer Rechentafel erklärt. 1539 wurde er zum „Churfürstlichen Sächsischen Hofarithmeticus“ ernannt.

„Schnapszahl“: Als Schnapszahl bezeichnet man eine Zahl, die aus mehreren gleichen Ziffern besteht, z. B. 33 oder 111. Es gibt zwei Theorien, woher diese Redensart stammt. Erstens: Wenn jemand zu viel Schnaps trinkt, sieht er alles doppelt. Zweitens: Wer beim Skatspiel mit seinem Punktestand eine Schnapszahl erreicht, muss eine Runde ausgeben.

Rechen-Genie

„Ich kann sehr schnell rechnen. Stell mich auf die Probe!“ –
„Wie viel ist sieben plus vier.“ –
„Neun.“ –
„Das ist aber verkehrt.“ –
„Aber sehr schnell gerechnet!“

„Vom Hundertsten ins Tausendste kommen“: Bis ins 17. Jahrhundert hinein wurden zum Rechnen sogenannte Rechenbretter verwendet, bei denen Steine oder andere kleine Gegenstände auf Stäbe gefädelt wurden. Je nach Lage konnte ein Stein 1, 10, 100 oder 1000 bedeuten – wer die Steine verwechselte, kam vom Hundersten ins Tausendste.

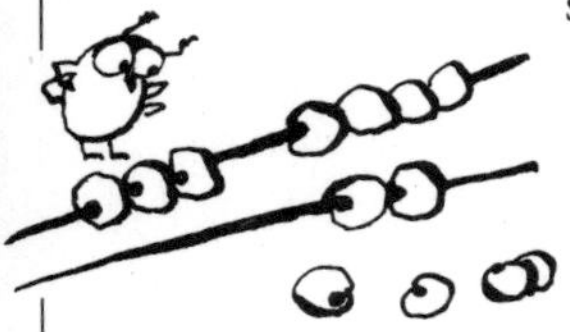

Das kleine Einmaleins

Was gibt 7 mal 8 oder 5 mal 9? Die folgende Tabelle verrät es dir. Lerne das kleine Einmaleins auswendig – das kannst du dein Leben lang brauchen!

mal	1	2	3	4	5	6	7	8	9	10
1	1	2	3	4	5	6	7	8	9	10
2	2	4	6	8	10	12	14	16	18	20
3	3	6	9	12	15	18	21	24	27	30
4	4	8	12	16	20	24	28	32	36	40
5	5	10	15	20	25	30	35	40	45	50
6	6	12	18	24	30	36	42	48	54	60
7	7	14	21	28	35	42	49	56	63	70
8	8	16	24	32	40	48	56	64	72	80
9	9	18	27	36	45	54	63	72	81	90
10	10	20	30	40	50	60	70	80	90	100

Damals ohne Taschenrechner

Handrechnen statt Kopfrechnen: Im alten Rom wurden häufig die Finger zum Zählen verwendet. Mithilfe von 40 unterschiedlichen Fingerstellungen konnten auch große Zahlen dargestellt werden.

Ganz bequem: Forschungsreisende des 18. Jahrhunderts berichteten aus Mikronesien, einem Inselgebiet im Pazifischen Ozean, dass dort einige Indianerstämme alles über drei als „viel“ bezeichnen.

Gefahr aus dem Weltall

Alarmstufe Rot! Außerirdische haben drei UFOs zur Erde entsandt. An Bord sind insgesamt 20 Zahlenmonster, die alle Zahlen auf unserem Planeten vernichten und dadurch Chaos stiften sollen. An Bord des ersten UFOs befinden

sich acht Zahlenmonster. An Bord des zweiten UFOs haben zwei Zahlenmonster mehr als auf dem dritten UFO Platz gefunden. UFO 1 soll in Europa landen, UFO 2 in Amerika und UFO 3 in Afrika. Für jedes der Zahlenmonster muss die Weltraumbehörde fünf Zahlenmonster-Fänger bereithalten.

Kannst du der Weltraumbehörde helfen? Wie viele Zahlenmonster-Fänger müssen nach Europa geschickt werden, wie viele nach Amerika und wie viele nach Afrika?

(Lösung: An Bord von UFO 1 sind acht Zahlenmonster. Also müssen 8 x 5 = 40 Zahlenmonster-Fänger nach Europa geschickt werden. An Bord von UFO 2 sind sieben Zahlenmonster – in Amerika werden also 7 x 5 = 35 Zahlenmonster-Fänger benötigt. UFO 3 beherbergt fünf Zahlenmonster (zwei weniger als UFO 2): 5 x 5 = 25 Zahlenmonster-Fänger müssen nach Afrika reisen.)

Teenie

Teenager bist du von 13 bis 19 Jahren.
Im Englischen enden nämlich alle Zahlen von 13 bis 19 auf „-teen": thirteen, fourteen, fifteen, sixteen, seventeen, eighteen, nineteen.

Die Grundrechenarten

Bezeichnungen		Zeichen	Ergebnis	Beispiel
Addition	Zusammenzählen	+	Summe	7 + 3 = 10
Subtraktion	Abziehen	–	Differenz	9 – 1 = 8
Multiplikation	Malnehmen	· oder x	Produkt	4 x 4 = 16
Division	Teilen	: oder ÷	Quotient	6 ÷ 2 = 3

Die Begriffe „plus“ und „minus“ bei Addition und Subtraktion kommen übrigens aus dem Lateinischen und bedeuten „mehr“ und „weniger“. Das lateinische „Plus“ wird allerdings mit einem gedehnten u gesprochen (also pluhs), das lateinische „Minus“ hingegen mit einem kurzen i (also nicht mihnus).

Plus- und Minuszeichen für mathematische Berechnungen tauchten zum ersten Mal im Jahr 1489 auf: Der Mathematiker Johannes Widmann verwendete sie in seinem Buch „Behende und hüpsche Rechenung auff allen Kaufmanschafft“.

Der Mathe-Lehrer …

… stellt eine Aufgabe: „Lara, wenn du heute von mir drei Meerschweinchen geschenkt bekommst und morgen noch zwei. Wie viele hast du dann?“ – „Sieben.“ – „Falsch!“ – „Nein, richtig. Ich hab nämlich schon zwei Meerschweinchen.“

Das Googol

Eine der faszinierendsten Zahlen überhaupt ist das Googol. Es handelt sich hierbei um die Zahl 10 hoch 100 – das ist eine 1 mit 100 Nullen. Ausgeschrieben sieht das Googol so aus:

10 000 000 000 000 000 000 000 000 000 000 000 000 000
000 000 000 000 000 000 000 000 000 000 000 000 000 000
000 000 000 000 000 000

Die Bezeichnung Googol soll von einem neunjährigen Jungen stammen: Der amerikanische Mathematiker Edward Kasner hatte in den 1930er Jahren seinen Neffen Milton Sirotta gebeten, der Zahl einen Namen zu geben.

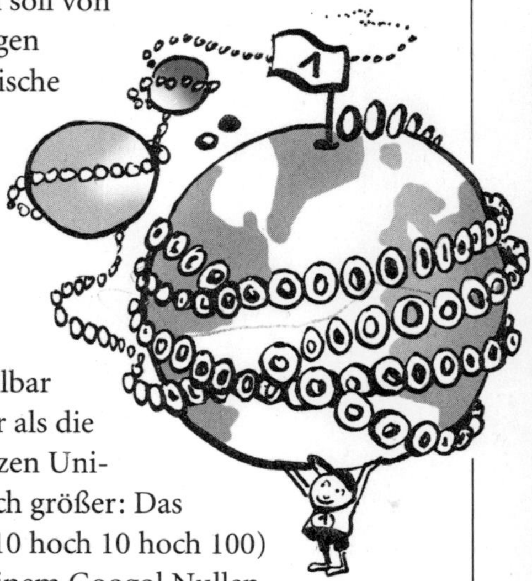

Das Googol ist unvorstellbar groß – es ist sogar größer als die Zahl aller Atome im ganzen Universum. Aber es geht noch größer: Das „Googolplex“ (die Zahl 10 hoch 10 hoch 100) besteht aus einer 1 mit einem Googol Nullen. Du würdest mehrere Universen benötigen, um diese Zahl aufzuschreiben.

Vom Googol hat übrigens die Internet-Suchmaschine Google ihren Namen, die im Jahre 1998 von Larry Page und Sergey Brin gegründet wurde.

Ägyptische Ziffern

Im alten Ägypten wurden Wörter und Zahlen durch Hieroglyphen ausgedrückt. Jedes Bild hat dabei eine bestimmte Bedeutung. Hier eine Übersicht über die ägyptischen Ziffern:

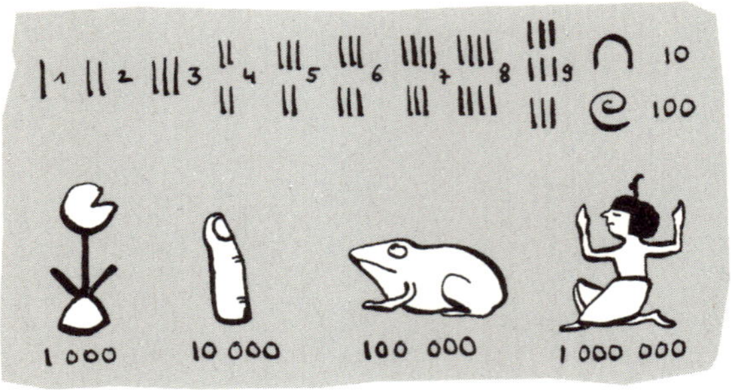

Bei den Ägyptern wurden die Werte der verschiedenen Hieroglyphen einfach zusammengezählt. Findest du heraus, um welche Zahl es sich hier handelt?

(Lösung: 3 x 1 + 10 + 100 + 2 x 1000 = 2113)

In der Eisenbahn

Herr Krause steigt in den dritten Waggon von hinten ein, Frau Wermut in den fünften Waggon von vorne. Beide steigen in denselben Waggon ein. Wie viele Waggons hat der Zug?
Tipp: Male den Zug auf ein Blatt Papier!

(Lösung: Der Zug hat sieben Waggons.)

Zahlenpalindrome

Palindrome sind Wörter, die vorwärts und rückwärts gelesen den gleichen Sinn ergeben (z. B. „Reittier“). Das gibt es auch bei Zahlen: die Zahlenpalindrome oder Palindromzahlen (z. B. 9779). Mit einem einfachen Trick kannst du Zahlenpalindrome aus fast allen Zahlen bilden:

1. Denke dir eine beliebige Zahl aus, z. B. 14.
2. Drehe diese Zahl um: Aus 14 wird also 41.
3. Zähle die beiden Zahlen zusammen: 14 + 41 = 55.

Schon hast du dein Zahlenpalindrom! Manchmal klappt es nicht beim ersten Durchgang. Dann musst du die im dritten Schritt gewonnene Zahl noch einmal umdrehen und wie in Schritt 3 die beiden Zahlen addieren – eben so lang, bis ein Zahlenpalindrom herauskommt.

Vorsicht: Der Trick klappt nicht mit den sogenannten Lychrel-Zahlen. Davon gibt es aber nur wenige, z. B. 196, 295, 394, 493, 592, 689, 691, 788, 790, 879, 887, 978, 986 und 1495.

„Herr Lehrer, …

… kann man für etwas bestraft werden, was man gar nicht gemacht hat?“ – „Nein, natürlich nicht.“ – „Prima, ich habe nämlich die Hausaufgaben nicht gemacht!“

Der kluge Hans

Zu den berühmtesten Pferden der Welt gehört der „kluge Hans“ – ein Hengst, der vor über 100 Jahren für Furore sorgte. Er konnte nämlich rechnen! Wenn sein Besitzer, der pensionierte Lehrer Wilhelm von Osten, ihm eine Aufgabe stellte, beantwortete er diese, indem er mit dem rechten Vorderhuf auf den Boden klopfte. Und zwar löste er nicht nur leichte Rechenaufgaben, sondern auch richtig schwierige, z. B. „zwei Fünftel plus ein Halb“. Das Ergebnis dieser Bruchrechenaufgabe ist „neun Zehntel“ – und tatsächlich: der kluge Hans klopfte das Ergebnis mit seinem Huf: erst neun Hufschläge, dann nach einer kurzen Pause zehn weitere. Und das, obwohl er nie eine Schule besucht hatte!

Du denkst jetzt vielleicht: „Da kann doch etwas nicht stimmen!“ Da hast du ganz recht. Wilhelm von Osten war zwar kein Betrüger und sein Pferd sowieso nicht. Der kluge Hans konnte jedoch kein bisschen rechnen. Er beobachtete lediglich denjenigen, der ihm eine Aufgabe stellte, ganz genau. Aus minimalen Gesichtsregungen konnte er vor dem letzten Hufschlag ablesen, dass er der Lösung ganz nah war und hörte danach auf.

Können Tiere rechnen?

Es gab in der Geschichte noch weitere Wundertiere wie den klugen Hans, z. B. den Airedale-Terrier Rolf. Er konnte angeblich nicht nur rechnen, sondern auch mit Pfoten-Klopfzeichen buchstabieren und Briefe diktieren.

Ebenfalls berühmt: der 1928 geborene Dackel Kuno von Schwertberg, genannt Kurwenal. Sein Frauchen, die Freifrau Mathilde von Freytag-Loringhoven, setzte diesem in Weimar sogar ein Grabmal, auf dem steht: „Kuno von Schwertberg, genannt Kurwenal, der klügste und edelste aller Hunde, der Welt berühmter Rechner, Denker und Redner."

Schlaue Antwort

Lehrer: „Wer kann mir sieben Tiere nennen, die in Afrika leben?"
Schüler: „Drei Elefanten und vier Löwen."

Tatsache ist: Die meisten Wissenschaftler sind der Ansicht, dass nur wenige Tiere einfache mathematische Fähigkeiten besitzen. Bei der japanischen Schimpansendame Ayumu dauerte es mehrere Jahre, bis sie die Ziffern 1 bis 9 erlernt hatte. Die amerikanische Schimpansin Sheba konnte mehrere Orangen aufsammeln und dann die Anzahl anzeigen. Es gibt noch zahlreiche weitere Experimente dieser Art mit Papageien, Salamandern, Ratten und weiteren Tieren. Wirkliche Wundertiere hat die Wissenschaft bis jetzt aber nicht entdeckt.

In einer Straße ...

... stehen 34 Häuser mit jeweils einem Schornstein und acht Häuser mit jeweils zwei Schornsteinen. Was kommt da raus?

(Lösung: Natürlich Rauch – was soll aus Schornsteinen sonst rauskommen?)

Die Null

Ihr Name leitet sich vom lateinischen Wort „nullus“ ab, das „keiner“ bedeutet. Die Null ist die einzige Zahl, die keinen Wert hat.

Die Null als Symbol für „Nichts“ war bereits den Sumerern vor rund 5000 Jahren bekannt.
Aber erst vor etwa 2000 Jahren wurde in Indien die Null erfunden, wie wir sie heute kennen. Im indischen Sanskrit wird für die Null das Wort „sunya“ verwendet. Das bedeutet „leer“.

Mit der Null zu rechnen ist kinderleicht, weil du ja eigentlich mit gar nichts rechnest. Probier es aus:

1. Was ergibt 2 Kaninchen plus 0 Kaninchen?

2. Was ergibt 356 Millionen Sandkörner minus 0 Sandkörner?

3. Was ergibt 7 mal 0 Euro?

(Lösung:
1. 2 Kaninchen + gar nichts = 2 Kaninchen
2. 356 Millionen Sandkörner – gar nichts = 356 Millionen Sandkörner
3. 7 x gar nichts = 0)

Zählst du zu einer Zahl 0 hinzu oder ziehst 0 von ihr ab, bleibt sie immer gleich. Wenn du eine Zahl mit 0 malnimmst, ergibt es immer 0.

Eine Zahl durch 0 teilen? Das geht gar nicht! Die Frage würde da ja lauten: „Wie oft muss ich 0 von einer Zahl abziehen, um keinen Rest zu erhalten?“ Diese Aufgabe kannst du nicht lösen.

Zwei Freundinnen

In der großen Pause: Julia tritt von einem Fuß auf den anderen. Anna fragt: „Was ist denn mit dir los?“ – Darauf Julia: „Ich muss dringend aufs Klo. Aber ich bin doch nicht bescheuert und geh in der Pause!“

Römische Zahlen

Bei den alten Römern kannte man unsere heutigen arabischen Ziffern noch nicht. Stattdessen verwendete man die römischen Ziffern: I, V, X, L, C, D und M. Die Tabelle zeigt dir, welcher Zahlenwert welcher römischen Ziffer entspricht.

Römische Ziffer	I	V	X	L	C	D	M
Zahlenwert	1	5	10	50	100	500	1000

Um eine römische Zahl darzustellen, werden die Ziffern, beginnend mit der größten, einfach nebeneinander geschrieben und zusammengezählt. 16 schreibt man also XVI und die Zahl 177 sieht so aus: CLXXVII.

2009 auf Römisch

Kannst du das Jahr 2009 in römischen Zahlen aufschreiben?

(Lösung: Das Jahr 2009 hätten die alten Römer „MMIX" geschrieben.)

Dabei gibt es nur eine Regel zu beachten: Es dürfen nicht mehr als drei der gleichen Ziffern nebeneinander stehen! 9 schreibst du also nicht VIIII, sondern IX. In diesem Fall addierst du nicht die Ziffern, sondern ziehst die niedrigere Zahl von der nächsthöheren ab.

So zählst du mit römischen Ziffern bis 20:
I, II, III, IV, V, VI, VII, VIII, IX, X, XI, XII, XIII, XIV, XV, XVI, XVII, XVIII, XIX, XX.

Nanu: 13÷2=8 ?!?

Wie kann es möglich sein, dass 8 die Hälfte von 13 ist, obwohl der Taschenrechner zu einem anderen Ergebnis kommt? Ganz einfach: Verwende römische Ziffern! Die 13 sieht in römischen Ziffern so aus: XIII. Teile das Ganze quer durch die Mitte, so erhältst du VIII – die 8 in römischen Ziffern. Mit diesem Trick kannst du bestimmt sogar deinen Mathe-Lehrer hereinlegen!

Seltsame Maße

Die alten Römer hatten nicht nur ein etwas umständliches Zahlensystem. Auch ihre Maßeinheiten erscheinen uns heute ziemlich seltsam. Die Tabelle zeigt dir ein paar Beispiele dafür.

Römische Maßeinheit	Deutsche Bedeutung	Maß
digitus	Fingerbreit	18,5 Millimeter
palmus	Handbreit	7,4 Zentimeter
pes	Fuß	29,6 Zentimeter
gradus	Schritt	0,7 Meter
pes quadratus	Quadratfuß	878 Quadratzentimeter
heredium	Morgen	5059 Quadratmeter
centuria	Großhufe	50,6 Hektar
ligula	Löffelvoll	11,3 Milliliter
congius	Kanne	3,3 Liter
culleus	Schlauch	520,5 Liter

Bringt die 13 Unglück?

Vielleicht ist dir schon mal aufgefallen, dass es in so manchem Hochhaus kein 13. Stockwerk gibt oder in einem Krankenhaus kein Zimmer mit der Nummer 13. Viele Menschen haben den Aberglauben, dass die Zahl 13 Unglück bringt – vor allem, wenn der 13. eines Monats auf einen Freitag fällt. Wer die 13 besonders stark fürchtet, leidet an einer sogenannten Triskaidekaphobie.

Ein berühmter Triskaidekaphobiker war der Österreicher Arnold Schönberg. Der am 13. September 1874 geborene Komponist hatte panische Angst vor der 13. Vielleicht lag das an dem von ihm dirigierten „Watschenkonzert“, bei dem am 31. März 1913 das empörte Publikum die Bühne erklomm und ihn ohrfeigte. Mysteriöserweise starb er dann auch an einem Freitag, den 13.: am 13. Juli 1951 – angeblich um 13 Minuten vor Mitternacht.

Die Ursache für die Angst vor der 13 soll im letzten Abendmahl Jesu begründet liegen: Sein Verräter Judas war der 13. Teilnehmer.

In anderen Ländern und Kulturen ist die 13 jedoch keine Unglückszahl, sondern sogar eine Glückszahl. Im alten China oder auch bei den Germanen galt Freitag, der 17. als Unglückstag.

Die Unglückszahl in China, Japan und Korea ist die 4, denn der Klang des chinesischen Wortes für diese Zahl ähnelt dem für „Tod“. Deshalb wird die 4 überall gemieden.

Wusstest du, …

… dass es in jedem Jahr mindestens einmal, aber höchstens dreimal einen Freitag, den 13. gibt?

Das Zehnersystem

Heutzutage wird fast überall das Zehnersystem (auch Dezimalsystem genannt) verwendet. Es heißt so, weil es die 10 als Grundzahl hat. Das liegt wahrscheinlich daran, dass der Mensch zehn Finger hat.

Wenn man zehn Einer nimmt, erhält man einen Zehner. Aus zehn Zehnern wird ein Hunderter. Zehn Hunderter wiederum ergeben einen Tausender, zehn Tausender einen Zehntausender … So kannst du immer weiter rechnen

Nimm die Zahl 100. Wenn du diese Zahl mit 10 malnimmst, wird die 1 um eine Position nach links verschoben – aus der 100 wird eine 1000. Teilst du die 100 hingegen durch 10, verschiebt sich die 1 um eine Position nach rechts – aus der 100 wird eine 10. Sogar die 1 kannst du durch 10 teilen. Du erhältst dann ein Zehntel.

Zahlenmystik

Der Zahlenmystik zufolge haben Zahlen eine tiefere Bedeutung für den Menschen. Bei der Numerologie wird meist der Name in Zahlen umgerechnet. So geht's:

1. Schreibe deinen Vornamen und Nachnamen auf ein Blatt Papier. Unter den Buchstaben notierst du die zugehörige Zahl aus der Tabelle.

A, Ä = 1	H, CH = 8	P, PH = 17	TH = 22
B = 2	I, J = 108	Q = 19	TS, TZ = 18
C = 11	K = 11	R = 20	U, Ü, V, W = 6
D = 4	L = 12	S = 21	X = 15
E = 5	M = 13	SCH, SH = 18	Y = 10
F = 17	N = 14	T = 9	Z = 7
G = 3	O, Ö = 16		

2. Zähle alle unter den einzelnen Buchstaben notierten Zahlen zusammen. Bei Karl May würde das Ergebnis lauten: 11 + 1 + 20 + 12 + 13 + 1 + 10 = 68.

3. Bilde aus dem in Schritt 2 gewonnenen Ergebnis die Quersumme. Die Quersumme von 68 ist 14 (6 + 8).

4. Vom Ergebnis aus Schritt 2 ziehst du nun die Quersumme aus Schritt 3 ab: 68 – 14 = 54.

5. Diese Zahl wird zum Schluss durch 9 geteilt – nimm notfalls deinen Taschenrechner zur Hilfe: 54 ÷ 9 = 6. Die so gewonnene Zahl wird in der Kabbala, einer Geheimlehre jüdischen Ursprungs, als „Karmazahl" bezeichnet.

Hast du deine Karmazahl ermittelt? Die folgende Tabelle zeigt dir, was die einzelnen Zahlen der Kabbala zufolge bedeuten – sie sollen die größten Stärken und Schwächen im Leben eines Menschen anzeigen.

Karmazahl	Steht für	Karmazahl	Steht für
1	Wille	12	Opfer, Sühne
2	Wissen	13	Transformation
3	Gemeinschaft	14	Selbstdisziplin
4	Tat	15	Magie
5	Religion	16	Katastrophen
6	Versuchung	17	Wahrheit, Glaube, Hoffnung
7	Sieg	18	Falschheit
8	Gerechtigkeit	19	Glück, Freude
9	Weisheit	20	Erwachen, Wiedergeburt
10	Veränderung	21	Erfolg
11	Spirituelle Macht	22	Illusion

Und warum sind es gerade 22 Karmazahlen? Ganz einfach: Die Kabbala beruht auf dem hebräischen Alphabet, das sich aus 22 Buchstaben zusammensetzt. Der Kabbala zufolge wurde aus diesen Buchstaben alles erschaffen.

Wie werden Kreise gemessen?

Mit einem Lineal kannst du nur gerade Linien genau messen – was aber, wenn du den Umfang eines Kreises wissen möchtest? Miss den Durchmesser des Kreises, indem du eine Linie durch den Mittelpunkt ziehst. Das Ergebnis multiplizierst du mit der Kreiszahl „Pi“.

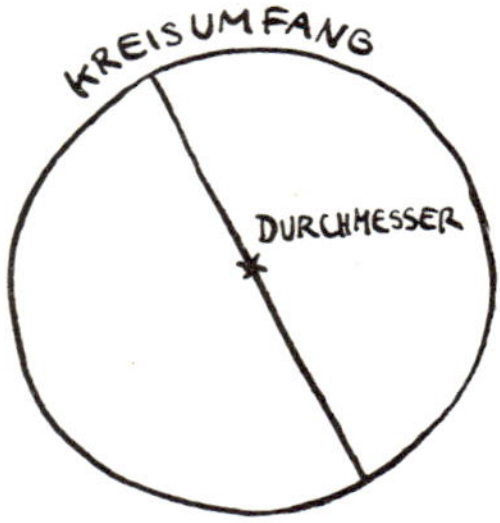

Das Pi hat seine Bezeichnung vom gleichnamigen griechischen Buchstaben. Für das Pi wird dieses Zeichen verwendet: π
Das Pi lässt sich nur ungefähr angeben, denn es besteht aus einer 3 mit unendlich vielen Stellen hinter dem Komma. Die Zahl Pi mit den ersten 50 Stellen hinter dem Komma sieht folgendermaßen aus:

$$\pi = 3{,}14159265358979323846264338327950288419716939937510$$

Die Tabelle zeigt dir, wie du die Zahl Pi zur Berechnung von Kreisen und Kugeln verwenden kannst.

Zu berechnen	**Formel** (r = Radius)
Umfang eines Kreises	$2 \times \pi \times r$
Fläche eines Kreises	$\pi \times r^2$
Oberfläche einer Kugel	$4 \times \pi \times r^2$

Übrigens ist es für viele ein Sport, sich so viele Nachkommastellen der Zahl Pi zu merken wie möglich. Rekordhalter ist der japanische Ingenieur Akira Haraguchi: Er schaffte es im Herbst 2006, innerhalb von etwas mehr als 16 Stunden die Zahl Pi mit genau 100 000 Stellen hinter dem Komma aus dem Gedächtnis wiederzugeben.

Freche Antwort

Lehrer: „Du hast die Mathe-Arbeit total versiebt. Da werden deinem Vater wohl die Haare zu Berge stehen!" – Schüler: „Nö – mein Vater hat 'ne Glatze."

Immerhin neun Stellen hinter dem Komma kannst du dir mit dem folgenden Satz merken. Jedes Wort nach dem „Wie" steht für eine Nachkommastelle und die Anzahl der Buchstaben gibt den entsprechenden Wert an: „Wie, o dies π macht ernstlich so vielen viele Müh" (3,141592653).

Ludolph van Ceulen

Der deutsche Mathematiker und Fechtmeister, der von 1540 bis 1610 lebte, berechnete seinerzeit die Zahl Pi bis auf 35 Stellen hinter dem Komma – damals ein großer Erfolg! Ludolph van Ceulen ließ sich die Kreiszahl sogar in seinen Grabstein gravieren.

Die Zahl Pi wird sogar mit Radioteleskopen ins Weltall gesendet. Wissenschaftler meinen, dass diese Zahl jeder höheren Zivilisation bekannt ist.

Milchmädchenrechnung

Heutzutage spricht man von einer „Milchmädchenrechnung“, wenn etwas offensichtlich falsch berechnet wird. Zumindest ein Milchmädchen konnte aber richtig gut rechnen und hatte dafür eine ganz eigene Methode: Die Berlinerin Anna Schnasing, die im 19. Jahrhundert lebte, verwendete zum Malnehmen ihre Finger! Allerdings klappte das nur, wenn sie Zahlen bis 5 verwendete.

So funktionierte Anna Schnasings Methode: Sie hielt zunächst beide Fäuste vor den Körper und bildete dann erst mit der linken Hand, dann mit der rechten Hand die Zahlen, die sie malnehmen wollte. Dazu streckte sie die entsprechende Anzahl an Fingern aus. Nun begann sie, die ausgestreckten Finger der linken Hand zu zählen. Immer wenn sie die Reihe durchgezählt hatte, knickte sie einen ausgestreckten Finger der rechten Hand ein – so lang, bis an der rechten Hand kein Finger mehr ausgestreckt war. Aus einer Multiplikation hatte Anna Schnasing auf diese Weise eine Addition gemacht und konnte von ihren Kunden nicht mehr so leicht übers Ohr gehauen werden.

Noch mehr Finger

Britische Forscher haben festgestellt, dass die Mathe-Begabung eines Kindes mit der Länge seiner Ringfinger zu tun hat: Je länger deine Ringfinger im Verhältnis zu den Zeigefingern sind, desto besser bist du demnach in Mathe!

Rechnen mit den Fingern

Als es noch keinen Taschenrechner gab, spielte das Rechnen mit den Fingern eine große Rolle. Es ist schon Jahrtausende alt und wurde im Laufe der Zeit immer mehr perfektioniert. Die folgende Darstellung aus dem Jahre 1523 zeigt dir, wie man früher auch große Zahlen mit den Fingern darstellen konnte.

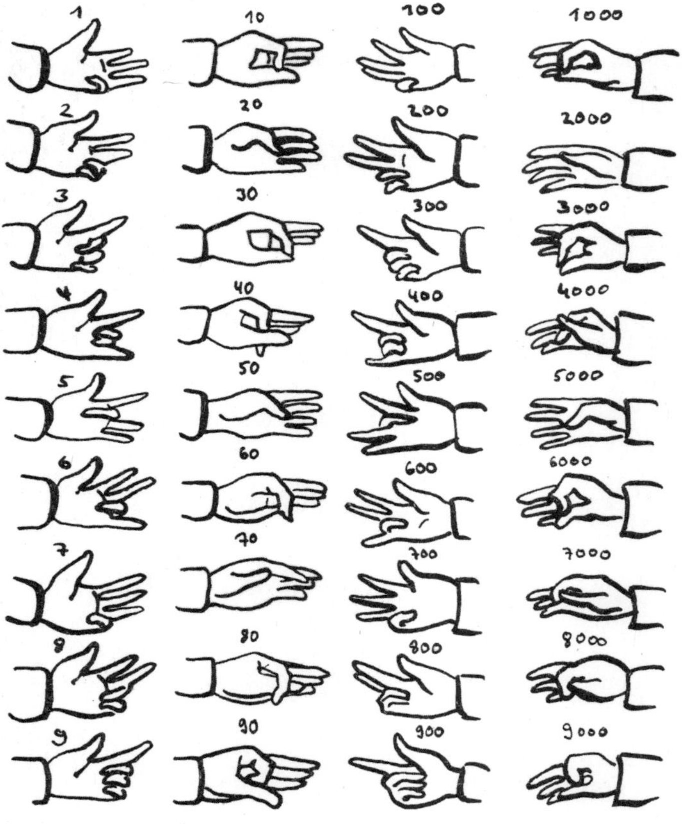

Zählmarathon

Wie lang braucht man, um bis 1 Million zu zählen? Das hängt natürlich davon ab, wie schnell du zählst. Eine Million, das ist 1000 mal 1000. Angenommen, du benötigst eine Minute, um bis 100 zu zählen. Dann bräuchtest du 10 000 Minuten, um auf die Million zu kommen – das sind knapp sieben Tage, wenn du rund um die Uhr zählst.

Gerecht verteilt

Eine Mutter hat drei Birnen, die sie gerecht unter ihren vier Kindern verteilen will. Wie macht sie das?

(Lösung: Sie kocht Kompott.)

Um bis zu 1 Milliarde zu zählen, bräuchtest du 1000-mal mehr Zeit, denn eine Milliarde ist 1000 mal 1 Million. Das wären dann 19 Jahre. Die folgende Tabelle zeigt dir noch mehr große Zahlen.

Zahl	Bezeichnung	Dauer
1 000 000	Million	7 Tage
1 000 000 000	Milliarde	19 Jahre
1 000 000 000 000	Billion	19 000 Jahre
1 000 000 000 000 000	Billiarde	19 Millionen Jahre
1 000 000 000 000 000 000	Trillion	19 Milliarden Jahre
1 000 000 000 000 000 000 000	Trilliarde	19 Billionen Jahre
1 000 000 000 000 000 000 000 000	Quadrillion	19 Billiarden Jahre

Auf einer halben Glatze …

… befinden sich 1000 Haare.
Wie viele Haare befinden sich auf einer ganzen Glatze?

(Lösung: kein einziges)

Filmklassiker von 1 bis 10

- (T)Raumschiff Surprise – Periode 1
- Zwei glorreiche Halunken
- Drei Haselnüsse für Aschenbrödel
- Vier Fäuste für ein Halleluja
- Nummer 5 lebt
- Rocky VI
- Die glorreichen Sieben
- 8 Mile
- Vater, Mutter und 9 Kinder
- Die zehn Gebote

Böse Sieben

Ein witziges Spiel für den Mathe-Unterricht: Alle Schüler sitzen im Kreis und zählen der Reihe nach. Aufgepasst: Sobald in einer Zahl die 7 vorkommt, muss diese durch ein beliebiges Wort ersetzt werden (z. B. „Flitzekacke“). Wer versehentlich eine Zahl nennt, die eine 7 enthält, also beispielsweise 27, muss ein Pfand abgeben. Wenn ihr in Mathe schon fortgeschritten seid, könnt ihr das Spiel noch schwieriger gestalten: Dann dürfen auch keine Zahlen genannt werden, die durch 7 teilbar sind.

Eine Pyramide aus vier Punkten

Möchtest du eine Pyramide zeichnen? Das geht ganz einfach, wenn du sie Schritt für Schritt aufbaust: Zeichne auf ein Blatt zunächst einen Punkt und daneben einen zweiten. Verbinde die beiden Punkte mit einer Linie. Über die Linie – ungefähr in der Mitte zwischen den ersten beiden Punkten – zeichnest du einen weiteren Punkt und verbindest die beiden anderen Punkte mit diesem neuen Punkt. Jetzt hast du ein Dreieck:

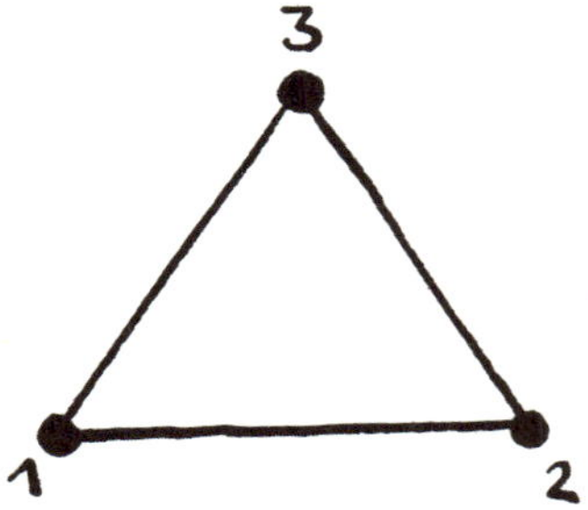

Als Nächstes zeichnest du einen vierten Punkt irgendwo neben das Dreieck. Verbinde den zweiten und den dritten Punkt mit diesem Punkt. Fertig ist die Pyramide!

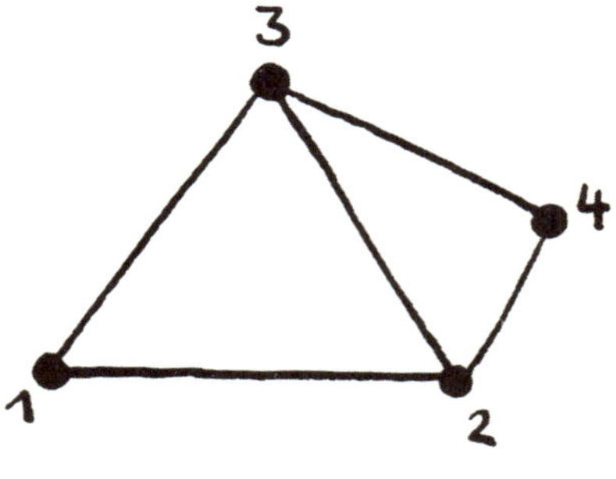

Die Zahl 1089

Nimm eine beliebige dreistellige Zahl, drehe diese um und ziehe die kleinere der beiden Zahlen von der größeren Zahl ab. Nimm z.B. die Zahl 486. Drehst du diese Zahl um, erhältst du 684. Rechne also 684 – 486 = 198. Das Ergebnis dieser Berechnung drehst du wieder um und zählst es zum ersten Ergebnis hinzu. Drehe also die 198 um: Du erhältst 891. Berechne schließlich 198 + 891 = 1089. Du wirst stets die Zahl 1089 erhalten! (Ausnahmen bestätigen die Regel: Das Ganze funktioniert nicht mit Schnapszahlen und auch nicht mit Zahlenpalindromen.)

Ein Ei ...

... braucht acht Minuten, bis es hart wird. Wie lang brauchen zwei Eier?

(Lösung: genauso lang.)

Wenn bei der Subtraktion eine zweistellige Zahl herauskommt, stelle dieser einfach eine 0 voran, damit die Rechnung wieder stimmt (z.B. 099 + 990 = 1089).

Der berühmteste Mathematiker der Antike

Archimedes von Syrakus, der von etwa 287 bis 212 v. Chr. lebte, war der Sohn eines Astronomen und ein echtes Genie seiner Zeit. Unter anderem …

- bewies er, wie man Umfang und Fläche eines Kreises berechnen kann
- bestimmte er die Kreiszahl Pi bis auf drei Stellen hinter dem Komma
- soll er Kriegsmaschinen zur Verteidigung gegen die Römer erfunden haben
- soll er in der Badewanne den Auftrieb des Wassers entdeckt und gerufen haben: „Heureka!“ (Das bedeutet so viel wie „Ich hab's!“)

Die größten drei

Neben Archimedes werden allgemein der Engländer Sir Isaac Newton (1643–1727) sowie der Deutsche Carl Friedrich Gauß (1777–1855) als die drei größten Mathematiker aller Zeiten betrachtet.

Über den Tod des Archimedes wird Folgendes berichtet: Die Römer hatten Syrakus eingenommen und Archimedes war gerade dabei, geometrische Figuren in den Sand zu zeichnen. Als ein römischer Soldat vorbeikam, sagte Archimedes: „Störe meine Kreise nicht!“ Da wurde er von dem wütenden Römer erschlagen.

Mathematik-Olympiade

Nicht nur im Sport werden olympische Spiele durchgeführt, sondern auch in Mathe! Die „Internationale Mathematik-Olympiade“ (IMO) wird seit 1959 jährlich ausgetragen. Jedes Land darf mit sechs Schülern teilnehmen, die dann knifflige Aufgaben lösen müssen. Es winken wie bei den olympischen Spielen Gold-, Silber- und Bronze-Medaillen.

Ganz schlau

Faulheit ist aller Laster Anfang.
Aller Anfang ist schwer.
Also ist Faulheit schwer.

International erfolgreichster Teilnehmer war bisher der Deutsche Christian Reiher, der sich 1999 zunächst eine Bronze-Medaille holte und dann in den Jahren 2000 bis 2003 die Gold-Medaille gewann.

Austragungsorte der IMO seit dem Jahr 2000:

2000	Daejeon, Südkorea	2005	Mérida, Mexiko
2001	Washington D.C., USA	2006	Ljubljana, Slowenien
2002	Glasgow, Großbritannien	2007	Hanoi, Vietnam
2003	Tokio, Japan	2008	Granada, Spanien
2004	Athen, Griechenland	2009	Bremen, Deutschland

Chinesische Zahlen

Neben den bei uns verwendeten arabischen Ziffern kommen in China, Japan und Korea häufig auch noch die chinesischen Zahlzeichen zur Anwendung. Hier sind die chinesischen Zahlen von 1 bis 10 mit ihrem Schriftsymbol, Handzeichen und Namen.

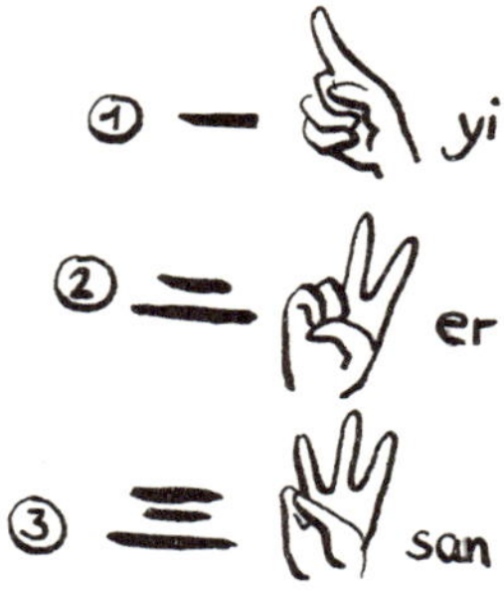

Federleicht?

Was ist schwerer – ein Kilogramm Eisen oder ein Kilogramm Federn?

Lösung: Beides ist gleich schwer: ein Kilogramm eben!

Wer hat die Schule erfunden?

Als erste Schulen gelten die Tafelhäuser der alten Sumerer, einer frühen Hochkultur im heutigen Irak. Dort wurden Kinder schon vor 5000 Jahren unterrichtet. Tafelhäuser hießen die Schulen deshalb, weil man früher weder Füller noch Papier kannte, sondern mit Griffeln auf Tontafeln schrieb.

Auf einer der von Archäologen ausgegrabenen Tontafeln soll angeblich eine Fabel zu lesen sein, in der ein Wolf seine Kameraden hereinlegt: Zehn Wölfe stehlen zehn Schafe. Der kluge Wolf schlägt den anderen neun Wölfen vor, ihnen ein Schaf zu geben, sodass sie zusammen zehn seien. Er selbst wolle neun behalten, sodass er und die Schafe zusammen ebenfalls zehn seien. Die dummen Wölfe gehen auf diesen Vorschlag ein, weil sie finden, das sei gerecht geteilt.

Die Sumerer – und später auch die Babylonier – verwendeten übrigens ein Zahlensystem, das auf der Zahl 60 beruhte – ein sogenanntes Sexagesimalsystem. Dieser Tatsache haben wir es zu verdanken, dass eine Stunde noch heute 60 Minuten und eine Minute 60 Sekunden hat.

Hotdog-Meister

Sortiere die Zahlen des folgenden Berichts der Größe nach von der kleinsten zur größten:

Am 4. Juli 2007 fand in den USA die Hotdog-Wettess-WM statt.
Sieger wurde ein 23-jähriger Student namens Joey Chestnut, der 66 Hotdogs in 12 Minuten aß. 50 000 Menschen sahen dabei zu. Am gleichen Tag verzehrten sämtliche Amerikaner rund 150 Millionen Hotdogs – das sind mehr als 1700 Hotdogs pro Sekunde.

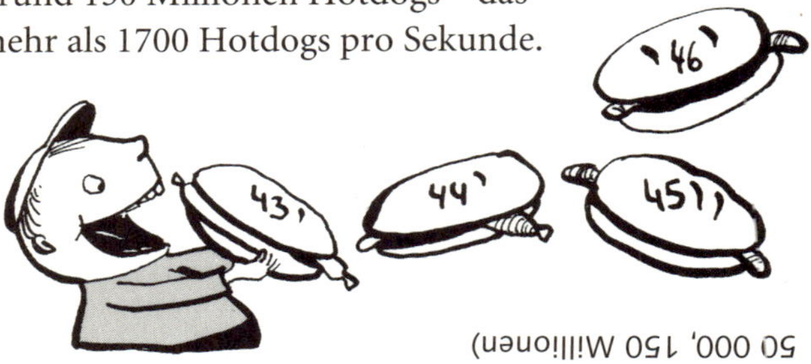

(Lösung: 4, 12, 23, 66, 1700, 2007, 50 000, 150 Millionen)

Mathematik

Das Wort „Mathematik“ leitet sich vom altgriechischen „mathematike techne“ ab, was so viel bedeutet wie „Kunst des Lernens“.

Österreicher und Deutsche sprechen das Wort „Mathematik“ unterschiedlich aus. Während in Deutschland die Betonung auf der letzten Silbe des Wortes liegt (MathemaTIK), liegt sie in Österreich auf der vorletzten Silbe (MatheMAtik).

Eselsbrücke

Um dir Zahlen besser zu merken, überlege dir für diese eine besondere Bedeutung. Das kann eine bestimmte Jahreszahl sein, eine kleine Rechenaufgabe oder sogar eine kleine Geschichte. Du möchtest dir die 2173 merken? Dann mache daraus die Aufgabe 21 ÷ 7 = 3. Damit hilfst du deinem Gedächtnis auf die Sprünge.

Die Zahl 142 857

Multipliziere mit dem Taschenrechner die Zahl 142 857 mit einer Zahl von 1 bis 6. Du erhältst jeweils die gleiche Ziffernreihe, nur an einem anderen Punkt beginnend:

142 857 x 1 = 142 857
142 857 x 2 = 285 714
142 857 x 3 = 428 571
142 857 x 4 = 571 428
142 857 x 5 = 714 285
142 857 x 6 = 857 142

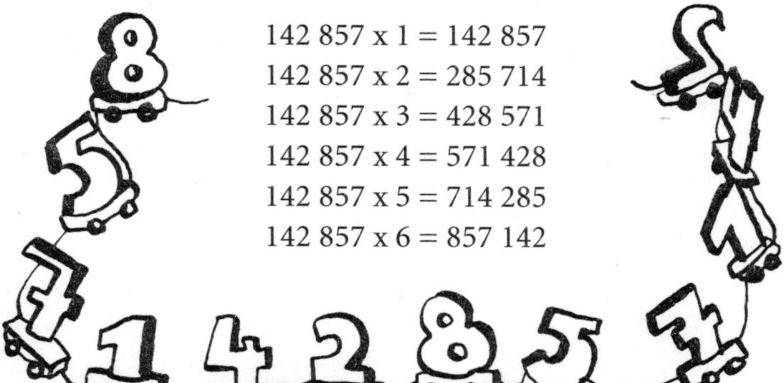

Was sind natürliche Zahlen?

Die natürlichen Zahlen sind die ganz normalen Zahlen, die du zum Zählen verwendest, also 1, 2, 3, 4, 5, 6, 7 usw.

Primzahlen

Primzahlen sind natürliche Zahlen, die nur durch sich selbst und durch 1 teilbar sind. So ist z. B. die 6 keine Primzahl, weil sie sich auch noch durch 2 und 3 teilen lässt.

Die Primzahlen zwischen 1 und 100 lauten: 2, 3, 5, 7, 11, 13, 17, 19, 23, 29, 31, 37, 41, 43, 47, 53, 59, 61, 67, 71, 73, 79, 83, 89, 97.

Es gibt unendlich viele Primzahlen. Das hat bereits der antike Mathematiker Euklid von Alexandria (ca. 365–300 v. Chr.) gesagt. Deshalb nennt man diese Feststellung auch „Satz des Euklid".

Der letzte Primzahl-Rekord wurde im September 2006 aufgestellt: Amerikanische Wissenschaftler errechneten eine Primzahl mit mehr als 9,8 Millionen Stellen – knapp verfehlt, denn eine Organisation hatte einen Preis von 100 000 Dollar für eine Primzahl mit 10 Millionen Stellen ausgeschrieben.

Primzahl-Rekorde

Jahr	Stellen	Gefunden von
1588	6	Pietro Cataldi
1772	10	Leonhard Euler
1876	39	Édouard Lucas
1957	969	Hans Riesel
1971	6002	Bryant Tuckerman
1982	25 962	David Slowinski
2006	9 808 358	Curtis Cooper und Steven Boone

„Hurra, es sind Zwillinge!"

So etwa dürfte der Ausruf eines Mathematikers lauten, der einen neuen „Primzahlzwilling" entdeckt. Als Primzahlzwillinge werden zwei Primzahlen bezeichnet, die den Abstand 2 haben, also z.B. 5 und 7, 17 und 19, 1949 und 1951. Je größer die Zahlen, desto geringer die Wahrscheinlichkeit, einen Primzahlzwilling zu entdecken. Der größte bisher bekannte Primzahlzwilling sieht so aus:

$$2003663613 \times 2^{195000} + 1$$
$$2003663613 \times 2^{195000} - 1$$

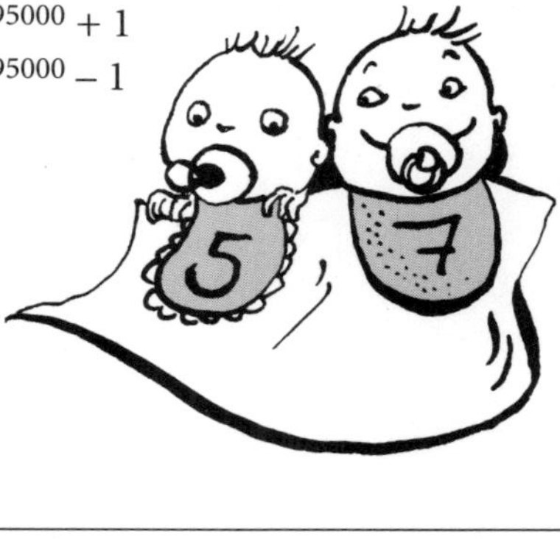

Die 2 ...

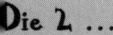

... ist die einzige gerade Primzahl.
Alle anderen Primzahlen sind ungerade.

Vierecke

Viele sagen „Viereck“ zum Quadrat. Das ist zwar nicht verkehrt, aber auch nicht ganz genau gesagt. Denn das Quadrat, bei dem alle Seiten gleich lang sind, ist nur eine Form des Vierecks. Die folgende Darstellung zeigt dir die verschiedenen Viereck-Varianten.

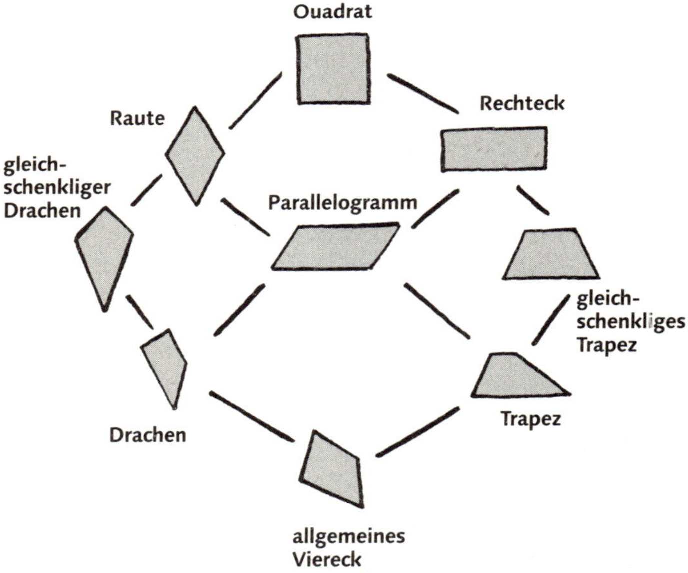

„Ich bin seit zwanzig Jahren …

… Mathe-Lehrer. Was denkst du: Welchen Satz habe ich am häufigsten gehört?“ – Schüler: „Ich habe keine Ahnung.“ – „Ganz genau.“

Eckig

Pentagon ist der griechische Begriff für das Fünfeck. Auch das 1943 fertiggestellte Verteidigungsministerium der USA wird so genannt. Der Grund: Die Fläche des 135 000 Quadratmeter großen Gebäudes hat die Form eines Fünfecks. Es ist das größte Gebäude der Welt.

Auch andere Vielecke, die sogenannten Polygone, tragen oft griechische Namen: Wenn du gebildet erscheinen willst, verwende statt Dreieck, Viereck, Fünfeck, Sechseck, Siebeneck oder Achteck die Worte Trigon, Tetragon, Pentagon, Hexagon, Heptagon oder Oktogon.

Das 65 537-Eck

Eine Fläche mit so vielen Ecken ist für das menschliche Auge nicht von einem Kreis zu unterscheiden. Der deutsche Mathematiker Carl Friedrich Gauß hat im Jahr 1836 bewiesen, dass es – zumindest theoretisch – allein mit Lineal und Zirkel konstruiert werden kann.

Alice im Zahlenland

Lewis Carroll, der Verfasser von „Alice im Wunderland“, hieß in Wirklichkeit Charles Lutwidge Dodgson und war Mathematik-Professor in Oxford. Auf ihn soll ein Verfahren zurückgehen, mit dem du den Wochentag deines Geburtstages ausrechnen kannst. Am Beispiel von Carrolls eigenem Geburtstag, dem 27. Januar 1832, siehst du, wie's gemacht wird:

1. Nimm die letzten beiden Ziffern der Jahreszahl und teile diese durch 12, also 32 ÷ 12 = 2 (Rest: 8).
Bei Zahlen, die kleiner als 12 sind, würde es so aussehen: 07 ÷ 12 = 0 (Rest: 7).

2. Zähle das Ergebnis deiner Division und den Rest zusammen: 2 + 8 = 10.

3. Teile jetzt den Rest aus Schritt 1 durch 4 : 8 ÷ 4 = 2. Wenn es nicht glatt aufgeht, lässt du den Rest einfach weg.

4. Zähle das Ergebnis aus Schritt 3 zu dem aus Schritt 2 dazu: 10 + 2 = 12.

5. Zähle dazu den Tag des Monats, in diesem Fall den 27. Januar: 12 + 27 = 39.

6. Nun wirf einen Blick auf die Tabelle auf der nächsten Seite. Zähle zum Ergebnis aus Schritt 5 die Zahl für den Monat hinzu, also hier: 39 + 1 = 40. Aufgepasst: Handelt es sich bei dem Jahr um ein Schaltjahr und der Monat ist Januar oder Februar, musst du noch 1 abziehen. 1832 war ein Schaltjahr und der Monat ist Januar, also: 40 – 1 = 39.

Januar	1	Juli	0
Februar	4	August	3
März	4	September	6
April	0	Oktober	1
Mai	2	November	4
Juni	5	Dezember	6

7. Wenn das Geburtsjahr zwischen 1900 und 1999 liegt, musst du in diesem Schritt nichts tun. Ab dem Jahr 2000 subtrahiere 1. Liegt das Datum im 19. Jahrhundert – so ja auch in diesem Fall –, dann werden 2 addiert: 39 + 2 = 41.

8. Teile die gewonnene Zahl durch 7: 41 ÷ 7 = 5 (Rest: 6). Entscheidend ist der Rest, der dabei herauskommt. Er liefert dir den gesuchten Wochentag: 0 steht für Samstag, 1 für Sonntag, 2 für Montag, 3 für Dienstag, 4 für Mittwoch, 5 für Donnerstag, 6 für Freitag.

Du stellst fest: Lewis Carroll wurde an einem Freitag geboren! Und du selbst oder deine Klassenkameraden? Rechne es aus – ganz ohne Kalender!

Kredite auf Holz

Wer etwas auf dem Kerbholz hat, hat sich etwas zuschulden kommen lassen. Ursprünglich war das Kerbholz (auch als Kerbstock bezeichnet) eine Art Vertrag: Wenn jemand Schulden machte, wurden entsprechende Kerben in ein Stück Holz geschnitzt. Das Holz wurde dann in zwei Hälften gespalten und sowohl der Schuldner als auch der Gläubiger erhielt eine der Hälften. Wenn die Zahlung fällig war, wurden die beiden Teile verglichen. So wusste man genau, was man zu bezahlen bzw. zu erhalten hatte.

In England kamen Kerbhölzer bis 1826 als Steuerquittungen zum Einsatz. Durch ein neues Gesetz wurde das altertümliche Verfahren abgeschafft. Die nicht mehr benötigten Kerbhölzer verbrannte man 1834 in einem Ofen des Parlamentsgebäudes. Dieser überhitzte und das Feuer griff auf die Holzdecke über. Ein großer Teil des Gebäudes brannte daraufhin nieder und das britische Parlament – mit dem berühmten Big Ben, so wie wir es heute kennen – wurde wieder neu aufgebaut.

Zwei Schwestern …

… haben die gleichen Eltern und sind am selben Tag geboren. Sie sind aber keine Zwillinge. Wie ist das möglich?

(Lösung: Es gibt noch eine Schwester – sie sind Drillinge.)

Die Würfel sind gefallen

Du hast zwei Spielwürfel und möchtest wissen, welche Augenzahlen-Summe am häufigsten gewürfelt wird?

Ein Würfel hat sechs Flächen mit Augen von 1 bis 6. Notiere dir alle Kombinationen, die beim Würfeln möglich sind: Du kannst zwei Einsen würfeln, aber auch eine Eins und eine Sechs, zwei Vieren, eine Drei und eine Sechs usw. Du erhältst insgesamt 6 x 6 = 36 Würfelkombinationen (bei drei Würfeln wären es 6 x 6 x 6 = 216 Kombinationen). Zähle zum Schluss bei jeder Würfelkombination die Augenzahlen zusammen und sortiere sie der Größe nach. Du kannst das Ergebnis auch aus der Tabelle ablesen.

Summe der Augen	Mögliche Kombinationen	Anzahl der Kombinationen
2 Augen	1 + 1	1 von 36
3 Augen	1 + 2; 2 + 1	2 von 36
4 Augen	1 + 3; 2 + 2; 3 + 1	3 von 36
5 Augen	1 + 4; 2 + 3; 3 + 2; 4 + 1	4 von 36
6 Augen	1 + 5; 2 + 4; 3 + 3; 4 + 2; 5 + 1	5 von 36
7 Augen	1 + 6; 2 + 5; 3 + 4; 4 + 3; 5 + 2; 6 + 1	6 von 36
8 Augen	2 + 6; 3 + 5; 4 + 4; 5 + 3; 6 + 2	5 von 36
9 Augen	3 + 6; 4 + 5; 5 + 4; 6 + 3	4 von 36
10 Augen	4 + 6; 5 + 5; 6 + 4	3 von 36
11 Augen	5 + 6; 6 + 5	2 von 36
12 Augen	6 + 6	1 von 36

Eifersüchtiger Mathematiker

Einen Nobelpreis für Mathematik gibt es nicht. Einem Gerücht zufolge liegt das daran, dass dem schwedischen Stifter Alfred Nobel seine Angebetete, eine Russin namens Sofja Kowalewskaja, von einem Mathematik-Professor ausgespannt wurde. Mehr Sinn macht aber die Begründung, dass Nobel in der Mathematik keinen „Nutzen für die Menschheit" erkennen konnte.

Laut seinen Noten ...

... war Albert Einstein ein schlechter Schüler. Von wegen! Sein Abschlusszeugnis aus dem Jahr 1896 enthält zwar fünf Sechsen – er hat seine „Matura" jedoch in der Schweiz absolviert, wo eine 6 die beste Note war.

Mathe-Engel in Weiß

Florence Nightingale war eine englische Krankenschwester, die von 1820 bis 1910 lebte, und vor allem durch ihren unermüdlichen Einsatz im Krimkrieg berühmt wurde. Was nur wenige wissen: Florence Nightingale war auch eine talentierte Mathematikerin. Mithilfe von Statistiken und Diagrammen trug sie dazu bei, die Bedingungen in der Krankenpflege zu verbessern. 1858 war sie die erste Frau, die in die Royal Statistical Society aufgenommen wurde.

Reise in den Reichtum

Eine Zeitmaschine ermöglicht es einem Mann, 500 Jahre in die Vergangenheit zu reisen. Er eröffnet dort ein Sparbuch und legt 10 Euro darauf, für die er jährlich 5 % Zinsen erhält. Dann reist er zurück in die Gegenwart. Was schätzt du: Wie viel Geld kann er von seinem Sparbuch abheben?

Du wirst staunen: Auf dem Sparbuch liegen 393 232 618 272 Euro – über 390 Milliarden! Damit wäre er der mit Abstand reichste Mann der Welt.

Der Grund für dieses rasante Wachstum ist der „Zinseszinseffekt“: Eine Bank arbeitet mit dem angelegten Geld und zahlt dafür Zinsen. Und für die nach einem Jahr gutgeschriebenen Zinsen gibt es dann wieder Zinsen – die Zinseszinsen. Bei einer Verzinsung von 5 % verdoppelt sich das eingesetzte Geld etwa alle 14 Jahre.

Sparfuchs

Wie viele Zinsen bekommst du für dein Geld nach einem Jahr auf dem Sparbuch gutgeschrieben? Rechne es selbst aus: Hierzu nimmst du den Betrag, den du am Anfang des Jahres angelegt hast, und nimmst diesen mit dem Zinssatz mal. Das Ganze teilst du dann durch 100. Das sind deine Zinsen. Hast du 150 Euro angelegt und bekommst dafür 3 Prozent Zinsen, lautet die Rechnung so: 150 x 3 = 450 und 450 ÷ 100 = 4,50. Du erhieltest 4,50 Euro Zinsen.

Mathematische Scherzfragen

Sagt man „sieben mal neun ist 64“ oder „sieben mal neun sind 64“?

(Lösung: Beides verkehrt – sieben mal neun ist 63.)

Was gibt sieben mal sieben?

(Lösung: Feinen Sand.)

Was befindet sich in der Mitte von einem Kreis?

(Lösung: Das „e“.)

Was ist das Wichtigste an einem Dreieck?

(Lösung: Das Ei – was übrig bleibt ist Dreck.)

Die alten Germanen

Unsere Vorfahren, zählten so bis 10: ainaz, twai, thrijiz, petwor, fimfi, seks, sibum, ahto, niwun, tehun.

Rekordverdächtig

Bei der ersten Weltmeisterschaft im Kopfrechnen 2004 mussten folgende Aufgaben ohne Hilfsmittel gelöst werden:

- eine Addition von zehn zehnstelligen Zahlen innerhalb von zehn Minuten
- eine Multiplikation von zwei achtstelligen Zahlen innerhalb von 15 Minuten
- das Ziehen einer Quadratwurzel aus zehn sechsstelligen Zahlen innerhalb von 15 Minuten
- das Bestimmen eines Wochentags zu einem Datum zwischen 1600 und 2100 innerhalb einer Minute
- zwei Überraschungsaufgaben

Einer der bekanntesten deutschen Kopfrechner ist der gebürtige Stuttgarter Gert Mittring, der es bereits auf eine ganze Reihe von Einträgen ins Guinness-Buch der Rekorde gebracht hat. Sein erster Weltrekord: Er zog in nur 13,3 Sekunden die 137. Wurzel aus einer 1000-stelligen Zahl – vollkommen ohne Hilfsmittel.

Weibliche Rechenasse

Schon in der Antike interessierten sich auch Frauen für die Mathematik. Das beste Beispiel hierfür ist Hypatia von Alexandria, die von etwa 370 bis wahrscheinlich 415 n. Chr. lebte. Sie ist die erste bekannte Mathematikerin der Geschichte. Hypatia hat eine Reihe mathematischer Schriften verfasst, die leider nicht überliefert sind.

Der Meter

Ende des 18. Jahrhunderts wurde in Frankreich der Meter „erfunden“ und als Bruchteil des Erdmeridians festgelegt. Heute versteht man unter einem Meter diejenige Strecke, welche das Licht in einem luftleeren Raum in einer 299,792458 Millionstel Sekunde durchläuft. Ein Meter, das sind umgerechnet: 1 Million Mikrometer, 1000 Millimeter, 100 Zentimeter, 10 Dezimeter oder ein Tausendstel Kilometer. Mithilfe eines Lineals kannst du z. B. die Länge der Seite eines Dreiecks genau bestimmen.

Früher dienten oftmals die Gliedmaßen der jeweiligen Herrscher als Grundlage für die Längenmaße. Bevor der Meter eingeführt wurde, gab es zum Teil recht merkwürdige Längeneinheiten wie den „Arschin“ oder die „Faust“.

Russland	
Einheit	heutiges Maß
Djuim	2,54 Zentimeter
Fut	3,048 Dezimeter
Arschin	7,112 Dezimeter
Werst	1,067 Kilometer
Milja	7,468 Kilometer

Österreich	
Einheit	heutiges Maß
Faust	10,536 Zentimete
Fuß	31,608 Zentimete
Klafter	1,897 Meter
Rute	3,161 Meter
Meile	7,586 Kilometer

Fibonacci-Zahlen

Leonardo von Pisa, genannt Fibonacci, war einer der bedeutendsten Mathematiker des Mittelalters. Er lebte von etwa 1180 bis 1241 in Italien. Der Zuname Fibonacci wurde aus „filius Bonacii" abgeleitet, was „Sohn des Bonacius" bedeutet. Leonardos Hauptwerk ist das „Liber abbaci" – ein „Buch der Rechenkunst".

Ganz schön geizig

Die Mathe-Lehrerin: „Angenommen, du hast drei Tafeln Schokolade, und ich bitte dich höflich, mir eine zu geben. Wie viele Tafeln bleiben dir dann?" – Schüler: „Drei."

Berühmt geworden ist Leonardo von Pisa insbesondere durch die von ihm beschriebene Fibonacci-Folge, die in Indien allerdings schon früher bekannt war. Die Zahlen der Fibonacci-Folge setzen sich jeweils aus der Summe der beiden Vorgänger zusammen, wobei die 0 und die 1 vorgegeben werden, also:

0	2 + 3 = 5
1	3 + 5 = 8
0 + 1 = 1	5 + 8 = 13
1 + 1 = 2	8 + 13 = 21
1 + 2 = 3	13 + 21 = 34 usw.

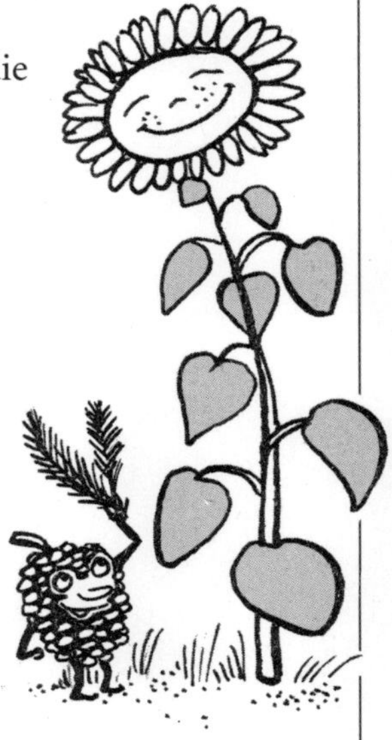

Fibonacci-Zahlen tauchen immer wieder in der Natur auf, so z. B. bei der Anzahl der Spiralen in Sonnenblumen oder Föhrenzapfen.

Hellseher ?!?

Als Hellseher könntest du in die Geschichte eingehen, wenn du andere mit dem folgenden Rechentrick verblüffst:

Jemand soll sich eine beliebige Zahl ausdenken. Das könnte z. B. die 19 sein. Sag der Person, sie soll die ausgedachte Zahl mit 3 multiplizieren: 19 x 3 = 57. Zum Ergebnis sollen anschließend 6 hinzugezählt werden: 57 + 6 = 63. Das Ganze wird dann durch 3 geteilt: 63 ÷ 3 = 21.

Nachdem dir das Ergebnis der Aufgabe mitgeteilt wurde, kannst du blitzschnell die ausgedachte Zahl nennen: Du musst lediglich 2 abziehen: 21 – 2 = 19. Der Rechentrick funktioniert mit jeder beliebigen Zahl!

Immer die 7

Noch ein toller Rechentrick:

1. Denke dir eine beliebige Zahl aus, z. B. 24.
2. Ziehe von der ausgedachten Zahl 2 ab: 24 – 2 = 22.
3. Multipliziere die gewonnene Zahl mit 3: 22 x 3 = 66.
4. Zum Ergebnis aus Schritt 3 zählst du 12 dazu: 66 + 12 = 78.
5. Teile das Ganze durch 3, also: 78 ÷ 3 = 26.
6. Zähle 5 dazu: 26 + 5 = 31.
7. Ziehe vom Ergebnis aus Schritt 6 die ausgedachte Zahl aus Schritt 1 ab: 31 – 24 = 7.

Das Ergebnis ist immer 7!

Die Elf

Die Zahl Elf hat ihren Namen vom gotischen Wort „ainlif“, das so viel bedeutet wie „eins bleibt übrig“. Die Zwölf leitet sich entsprechend von „twalif“ ab – „zwei bleibt übrig“.

Im Karneval hat die Elf eine besondere Bedeutung: Karnevalsbeginn ist jedes Jahr am 11.11. um 11 Uhr 11.

Elf steht auch für eine Fußballmannschaft, die aus 11 Spielern besteht, z. B. die Nationalelf. Der „Elfer“ wiederum ist ein anderes Wort für den Elfmeter – den Strafstoß beim Fußball.

Noch häufiger als der Elf begegnet man allerdings der Zwölf: zwölf Apostel, Zwölftonmusik, zwölf Geschworene, zwölf Monate, zwölf Tierkreiszeichen, zwölf Sterne auf der Europaflagge, zwölf griechische Hauptgötter … Findest du weitere Beispiele?

Was ist ein Dutzend?

Das Dutzend ist ein altes Zählmaß: Zwölf gleichartige Dinge ergeben ein Dutzend. Fünf Dutzend – also 60 Dinge von gleicher Art – ergeben ein Schock. Zwölf Dutzend – 144 gleichartige Dinge – ergeben ein Gros.

So klein ist die Welt

Von den 6,6 Milliarden Menschen auf der Erde kennst du nur einige, z.B. 100: deine Eltern, deine Klassenkameraden, den Bäcker usw. Dennoch bist du über wenige Ecken mit jedem Menschen auf der Welt verbunden, denn der Bäcker hat auch 100 Bekannte und von dessen Bekannten hat auch wieder jeder 100 Bekannte … Man spricht dabei vom „Kleine-Welt-Phänomen“: Du kennst einen, der einen kennt, der wiederum einen kennt, der einen kennt und schon bist du in Afrika oder Amerika gelandet.

In den 1960er Jahren hat ein amerikanischer Wissenschaftler namens Stanley Milgram dazu ein Experiment gemacht: Er wählte zunächst eine Zielperson aus. Dann schrieb er an eine Reihe anderer Personen, sie mögen die Zielperson kontaktieren, wenn sie ihnen bekannt sei – oder einen Bekannten bitten, die Zielperson zu kontaktieren. Im Durchschnitt wurde ein Kontakt über weniger als sechs Stationen hergestellt.

Auch die „Bacon-Zahl“ beruht auf dem Kleine-Welt-Phänomen: Der amerikanische Schauspieler Kevin Bacon hat mit vielen anderen Schauspielern Filme gedreht. Diese anderen Schauspieler haben wiederum Filme mit anderen Schauspielern als Kevin Bacon gemacht. Bei über 800 000 registrierten Schauspielern kann im Durchschnitt über weniger als drei Stationen (also Bacon-Zahl 3) eine Verbindung zu Kevin Bacon hergestellt werden.

Alte Rechenmeister

Die Maya waren ein Volk in Mittelamerika, das zwischen 200 v. Chr. und 800 n. Chr. seine Blüte erlebte. Sie kannten die Null bereits vor den Europäern. Sie wurde durch das Symbol einer Muschel dargestellt. Die Maya verwendeten allerdings kein Zehnersystem wie wir, sondern ein Zwanzigersystem. Hierbei wurden nicht nur die Finger, sondern auch die Zehen zum Zählen eingesetzt. Die Ziffern von 0 bis 19 sahen folgendermaßen aus:

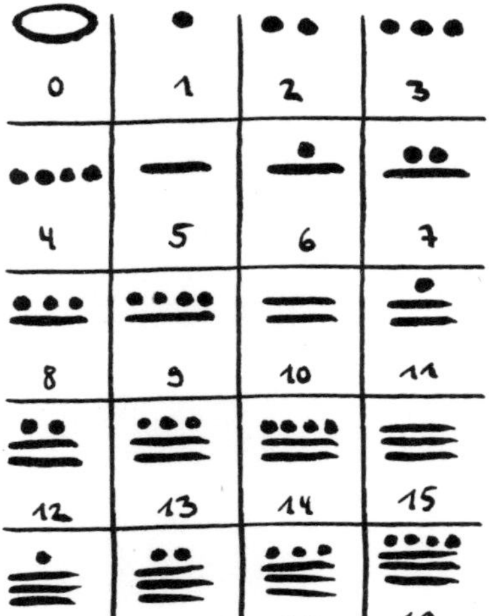

Ebenfalls interessant: der Maya-Kalender, der ab dem 11. August 3114 v. Chr. die Tage berechnet und die Zeit in Kin (1 Tag), Uinal (20 Tage), Tun (360 Tage), Katun (7200 Tage) und Baktun (144 000 Tage) gliedert.
13 Baktun ergeben eine Epoche. Das Ende der Epoche des Maya-Kalenders ist am 21. Dezember 2012 erreicht.

Magische Quadrate

Mit quadratischen Zahlenspielen beschäftigen sich die Menschen schon seit Jahrhunderten. Als ältestes magisches Quadrat gilt das „Lo-Shu-Quadrat“, das aus dem alten China stammt. Der Legende nach tauchte im dritten Jahrtausend v. Chr. eine Schildkröte aus dem Fluss Lo auf, welche das magische Quadrat auf dem Rücken trug.

In unseren Ziffern ausgedrückt sieht das Lo-Shu-Quadrat so aus:

4	9	2
3	5	7
8	1	6

Ein Quadrat, das Zahlen enthält – daran ist noch nichts Magisches. Ein magisches Quadrat zeichnet sich dadurch aus, dass die Summe der Zahlen in allen Zeilen und Spalten, manchmal auch in den Diagonalen gleich ist. Beim Lo-Shu-Quadrat erhältst du als Ergebnis stets 15.

In welchem Fall ...

... ist 1 x 1 = 2?

(Lösung: In keinem Fall.)

Das Hexeneinmaleins

Das Gedicht von Johann Wolfgang Goethe kommt in seinem berühmten Werk „Faust“ vor. Eine Hexe sagt es auf, während sie einen Zaubertrank braut. Das Hexeneinmaleins soll manchen Forschern zufolge ein magisches Quadrat beschreiben, bei dem immer 15 herauskommt:

Du musst verstehn!

1	2	3
4	5	6
7	8	9

Aus Eins mach Zehn,

10	2	3
4	5	6
7	8	9

und Zwei lass gehn,
und Drei mach gleich,
so bist du reich.

10	–	2
3	4	5
6	7	8

Verlier die Vier!

10	–	2
3	–	5
6	7	8

Aus Fünf und Sechs,
so sagt die Hex',
mach Sieben und Acht,

10	–	2
3	–	7
8	–	–

so ist's vollbracht:
Und Neun ist Eins,
und Zehn ist keins.

–	9	2
3	–	7
8	1	–

Das ist das
Hexeneinmaleins!

4	9	2
3	5	7
8	1	6

Es war einmal …

… ein großer Aufstand im Märchenland! Die guten Märchenfiguren wollten es einfach nicht mehr hinnehmen, dass sie von den bösen so sehr getriezt wurden. So gründeten sie einen Verein, dessen Vorsitz Rotkäppchens Großvater übernahm – der Zauberer Zacharias Zahl. Dieser sagte: „Nehmt ihnen die Zahlen weg, damit treiben wir sie in den Wahnsinn!"

Gesagt, getan: Der Zauberer Zahl braute aus Zeckenblut und Fliegenbeinen einen Zaubertrank, der alle Zahlen aus dem Gehirn wegwischte. Als erstes Opfer wurde die böse Königin erkoren, die ihrer Stieftochter Schneewittchen an den Kragen wollte. Jedenfalls wurde ihr der Zaubertrank heimlich in den abendlichen Schlummertrunk gemischt. Und als sie wieder aufwachte …

… war plötzlich alles ganz anders. Die Königin blickte auf die Uhr, konnte aber nicht sagen, wie spät es war. „Nanu", dachte sie und läutete nach ihrem Diener: „Sag an: Wie spät ist es?" Doch auch die Antwort des Dieners verstand sie nicht. Jetzt wurde der bösen Königin doch langsam bange. Sie versuchte, sich an den vorigen Tag zu erinnern: „Spieglein, Spieglein … Schneewittchen … mal schöner … bei den … Zwergen."

Die böse Königin griff zum Telefon, um ihren Psychiater anzurufen. Doch sie wusste gar nicht, welche Tasten sie wählen musste, und warf das Telefon wütend an die Wand. „ALLE DIENER ZU MIR!", ertönte ihre kreischende Stimme anschließend durch den ganzen Palast. Sie fragte ihre Untertanen nach dem Datum, nach dem Füllstand ihrer Schatzkammer, nach der Temperatur und danach, welchen Platz Deutschland beim letzten Eurovision Song Contest belegt habe. Doch sie verstand keine einzige der Antworten. Haare hatte die böse Königin keine mehr, sonst hätte sie sie sich mit Sicherheit ausgerauft. Stattdessen nahm sie ihre Perücke vom Kopf und knetete sie in den Händen. „Vielleicht hilft ein kleiner Spaziergang durchs Märchenland", dachte sie schließlich und machte sich auf den Weg.

Doch egal, wem sie begegnete – stets war da eine große Lücke in ihrem Kopf. Sie traf Dornröschen: Wie viele Jahre hatte diese geschlafen? Und sie sprach mit dem Wolf, der sich eben an – wie vielen? – Geißlein satt gegessen hatte.

Das war genug! Die böse Königin stampfte und sprang auf der Stelle: „Ich will meine Zahlen wiederhaben, ich will meine Zahlen wiederhaben!" Dass sich in der Erde ein Spalt auftat, merkte sie nicht, sondern sie stampfte immer stärker – bis der Erdboden sie schließlich verschluckte.

Von da an war Ruhe im Märchenland!

So kann man auch rechnen

Das Rechnen mit Zahlen ist nur eines der Teilgebiete der Mathematik und wird Arithmetik genannt. Der Mathematiker Carl Friedrich Gauß sagte: „Die Mathematik ist die Königin der Wissenschaften, und die Arithmetik ist die Königin der Mathematik.“ Es gibt jedoch noch weitere mathematische Teilgebiete:

Die Mengenlehre beschäftigt sich mit den Gesetzmäßigkeiten mathematischer Mengen – und unter einer Menge versteht der Mathematiker schlicht, wenn verschiedene Dinge zu einem Ganzen zusammengefasst werden.

Die Geometrie beschäftigt sich mit Gebilden in der Ebene und im Raum, also mit Flächen wie dem Dreieck und Körpern wie dem Kegel. Wichtige Handwerkszeuge in der Geometrie sind Lineal und Geodreieck sowie der Zirkel.

Die Algebra befasst sich insbesondere mit dem Auflösen von Gleichungen. Statt nur mit Zahlen wie in der Arithmetik wird in der Algebra auch mit Buchstaben, Variablen genannt, gerechnet.

Die Stochastik widmet sich der Wahrscheinlichkeitsrechnung. Wenn du eine Münze wirfst, kann es durchaus sein, dass mehrmals hintereinander entweder Kopf oder Zahl fällt. Je öfter du jedoch die Münze wirfst, desto größer wird die Wahrscheinlichkeit, dass die beiden Münzseiten gleich oft auftauchen. Der Mathematiker spricht in diesem Zusammenhang vom „Gesetz der großen Zahlen“.

PISA

Die PISA-Studie wird alle drei Jahre von der „Organisation für wirtschaftliche Zusammenarbeit und Entwicklung“ (OECD) durchgeführt. Dabei werden 15-jährige Schüler in verschiedenen Bereichen auf die Probe gestellt, auch in Mathematik. Hier zwei Beispielaufgaben – vielleicht weißt du die richtige Lösung?

1. Eine Pizzeria bietet zwei Sorten von runden Pizzas an, die gleich dick, aber unterschiedlich groß sind. Die kleinere hat einen Durchmesser von 30 Zentimetern und kostet 3 Euro. Die größere hat einen Durchmesser von 40 Zentimetern und kostet 4 Euro. Welche Pizza ist preiswerter?

(Lösung: Die größere! Du bezahlst ein Drittel mehr, bekommst aber über zwei Drittel mehr Pizza. Wenn du willst, berechne es mit der in diesem Buch auf Seite 30 vorgestellten Kreiszahl Pi.)

2. Nick möchte die Terrasse seines neuen Hauses pflastern. Die Terrasse hat eine Länge von 5,25 Metern und eine Breite von 3 Metern. Pro Quadratmeter braucht er 81 Pflastersteine. Wie viele Pflastersteine benötigt er insgesamt?

(Lösung: Berechne mit dem Taschenrechner die Quadratmeterzahl: 5,25 Meter x 3 Meter = 15,75 Quadratmeter. Diese Zahl nimmst du dann mit 81 mal. Nick braucht 1276 Pflastersteine, genauer gesagt: 1275,75.)

Optische Täuschung

Nicht alles, was man sieht, ist so, wie es scheint. Erst die Mathematik bringt die Wahrheit ans Licht!

Die beiden Linien scheinen voneinander versetzt zu sein. Hältst du dein Lineal daran, stellst du dagegen fest: Sie bilden eine Gerade.

Kaum zu glauben, aber wahr: Die beiden Linien sind gleich lang – miss es nach!

Der linke innere Kreis erscheint kleiner als der rechte – beide Kreise sind aber gleich groß!

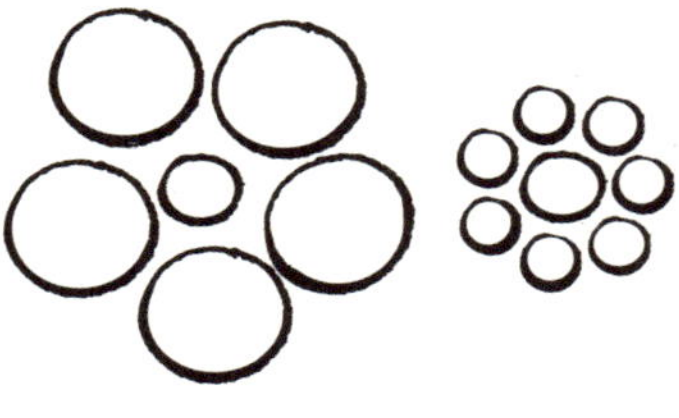

Bauernmultiplikation

Um zwei große Zahlen zu multiplizieren, kannst du die „russische Bauernmultiplikation" verwenden:

Angenommen die Rechenaufgabe lautet 41 mal 19, dann schreibst du in die linke Spalte einer Tabelle 41 und in die rechte Spalte 19.

Teile die linke Zahl durch 2 und schreibe das Ergebnis in die folgende Zeile. In diesem Fall rechnest du $41 \div 2 = 20$ (Rest bzw. Stellen hinter dem Komma werden weggelassen). Wiederhole das Ganze, bis du zur 1 gelangst, also: $20 \div 2 = 10$; $10 \div 2 = 5$; $5 \div 2 = 2$ (Rest weglassen); $2 \div 2 = 1$.

Bei der rechten Zahl machst du das Gegenteil: Du nimmst sie mit 2 mal und schreibst das Ergebnis wiederum in die folgende Zeile: 19 x 2 = 38; 38 x 2= 76; 76 x 2 = 152; 152 x 2 = 304; 304 x 2 = 608.
Deine Tabelle sieht jetzt so aus:

41	19
20	38
10	76
5	152
2	304
1	608

Immer wenn in der linken Spalte eine Zahl gerade ist, streichst du die zugehörige Zahl in der rechten Spalte durch. Addiere die übrig gebliebenen Zahlen in der rechten Spalte. Sie sind das Ergebnis der Rechenaufgabe: $19 + 152 + 608 = 779$.

Spitzfindig

Was du noch nicht verloren hast, das hast du noch. Du hast keine Hörner verloren. Daraus folgt: Du hast Hörner.“ (Eubulides von Milet)

Die etwas anderen Top Ten

1 Moment in Time
2 Herzen im Dreivierteltakt
Mein Hut, der hat 3 Ecken
4 gewinnt
Take 5
Vollpension auf Ballermann 6
Über 7 Brücken musst du gehn
Mensch, gib 8!
9 Lives
10 kleine Jägermeister

Angenommen, du hast …

… eine 12 Meter lange Schnur und schneidest jeden Tag 2 Meter davon ab. Nach wie vielen Tagen schneidest du das letzte Stück ab?

(Lösung: Nach fünf Tagen.)

Der Satz des Pythagoras

Einer der berühmtesten Lehrsätze der Mathematik geht auf den griechischen Philosophen Pythagoras zurück. Er besagt Folgendes: Bei einem rechtwinkligen Dreieck (also einem Dreieck, bei dem einer der Winkel genau 90 Grad hat) ist die Länge der beiden kürzeren Seiten zum Quadrat genauso groß wie die längste Seite zum Quadrat.
Die mathematische Formel lautet $a^2 + b^2 = c^2$.
Das Ganze sieht dann z. B. so aus:

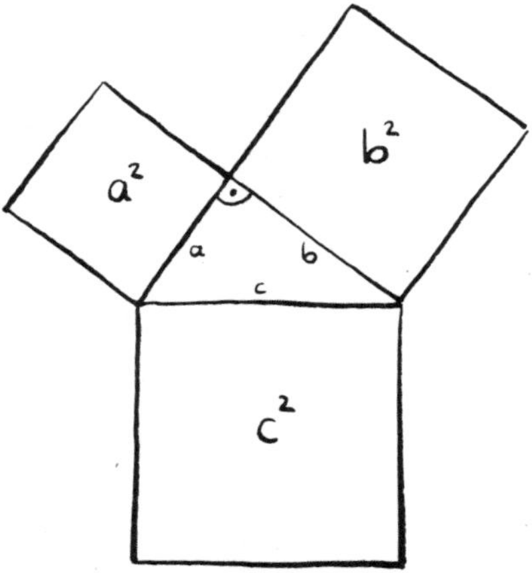

Pythagoras von Samos lebte von ca. 570 bis 510 v. Chr. Der Mathematiker und Philosoph soll sich selbst als Wesen zwischen Mensch und Gott gesehen und eine Art Sekte, den Geheimbund der Pythagoräer, gegründet haben. Deren Motto lautete: „Alles ist Zahl." Jeder Pythagoräer wurde dazu verpflichtet, seine mathematischen Erkenntnisse geheim zu halten. Verstieß er gegen diese Regel, wurde er ertränkt.

Geheimsprache mit Zahlen

Mit „Leetspeak“, einer Geheimsprache, die insbesondere in der Computerszene verwendet wird, kannst du Geheimbotschaften schreiben. Das Prinzip ist sehr einfach: Ersetze einige Buchstaben des Alphabets durch Ziffern; wenn es ganz kniff lig werden soll, auch noch durch Sonderzeichen. Im herkömmlichen Leetspeak wird z. B. für ein L die 1 gesetzt, für ein Z die 2, für ein E die 3, für ein A die 4 usw.

„Miss alles, …

… was sich messen lässt, und mach alles messbar, was sich nicht messen lässt.“ (Galileo Galilei, 1564–1642)

Du kannst die Buchstaben jedoch auch durch beliebige andere Ziffern ersetzen. Notiere diese dann in einem geheimen Code-Buch, in das nur Eingeweihte Einsicht erhalten dürfen. Vertausche beispielsweise die folgenden Buchstaben in einem Satz gegen Ziffern von 1 bis 8: A = 1, D = 2, E= 3, M = 4, P = 5, S = 6, T = 7, Z = 8. Versuche, den folgenden Satz zunächst ohne den Code zu entschlüsseln. Schwierig, nicht wahr? Mit dem zugrunde liegenden Code ist es hingegen kein Problem.

Ich bin h3u73 i4 6chwi44b12 vo4 83hn4373rbr377 g365rung3n.

(Lösung: Ich bin heute im Schwimmbad vom Zehnmeterbrett gesprungen.)

Rechentrick

Mit einem Würfel kannst du einen einfachen Rechentrick vorführen und andere verblüffen. Gehe dazu wie folgt vor:

1. Bitte jemanden, dreimal zu würfeln, ohne dass du es siehst. Die Augenzahlen soll er sich jeweils notieren. Das könnten bei drei Würfen z. B. sein: 6, 2, 3.

2. Die erste Augenzahl soll nun mit 2 malgenommen werden, dann sollen 5 dazugezählt und das Ganze noch einmal mit 5 multipliziert werden, also: 6 x 2 = 12; 12 + 5 = 17; 17 x 5 = 85.

3. Zum Ergebnis aus Schritt 2 wird nun die zweite Augenzahl dazugezählt: 85 + 2 = 87.

4. Es folgt eine Multiplikation mit 10: 87 x 10 = 870.

5. Dann werden 3 dazugezählt: 870 + 3 = 873.

6. Schließlich addiert man noch die dritte Augenzahl: 873 + 3 = 876. Dieses Ergebnis soll dir genannt werden.

7. Du kannst sofort die Augenzahl der Würfel nennen. Ziehe vom Ergebnis einfach die Zahl 253 ab: 876 – 253 = 623. Es sind die Augenzahlen 6, 2 und 3.

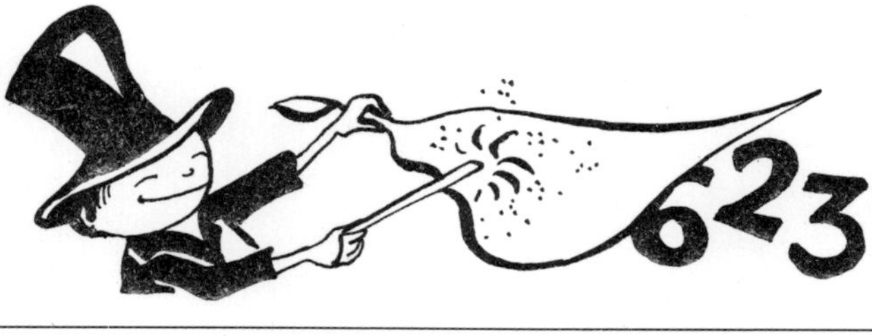

Die Zahl

Ihren Namen hat die Zahl vom althochdeutschen „zala“. Darunter verstand man ursprünglich einfache Kerben, mit denen man z. B. den Bestand einer Herde zählte.

Mathematische Zeichen

Zeichen	Bedeutung
=	gleich
≡	identisch
≈	ungefähr gleich
≠	ungleich

Zeichen	Bedeutung
<	kleiner
>	größer
≤	kleiner oder gleich
≥	größer oder gleich

Berechne …

… die folgenden einfachen Aufgaben:
1 – 1; 4 – 1; 8 – 7; 15 – 12.
Nenne anschließend eine beliebige Zahl zwischen 5 und 12.

Lösung: Die meisten Menschen nennen die Zahl 7, wahrscheinlich weil sie unbewusst 12 – 5 rechnen.

Dyskalkulie

Wer daran leidet, wird es in Mathe schwer haben: Dyskalkulie ist nämlich das Fremdwort für Rechenschwäche. Dyskalkulie wird oft erst einmal für Faulheit gehalten und erst spät erkannt.

Vierstellige Zahlen

Mit Zahlen über 1000 zu rechnen kann ganz schön knifflig sein. Aber beim folgenden Rechentrick kennst du das Ergebnis schon vorher:

1. Ein Freund soll sich eine beliebige vierstellige Zahl ausdenken und auf ein Blatt Papier schreiben, z. B. 1239.

2. Du schreibst auch eine Zahl auf einen Zettel und zwar stellst du der Zahl deines Freundes einfach eine 2 voran und ziehst 2 ab. Aus 1239 wird also 21 237. Behalte das Ergebnis zunächst für dich!

3. Dein Freund soll unter die in Schritt 1 ausgedachte Zahl eine weitere vierstellige Zahl schreiben, z. B. 8143.

4. Jetzt schreibst du eine vierstellige Zahl darunter, und zwar ziehst du die Zahl aus Schritt 3 von 9999 ab: 9999 – 8143 = 1856.

5. Dein Freund ist wieder an der Reihe, eine beliebige vierstellige Zahl aufzuschreiben, z. B. 7593.

6. Wiederum ziehst du die Zahl von 9999 ab und schreibst sie darunter: 9999 – 7593 = 2406.

7. Jetzt werden alle fünf vierstelligen Zahlen zusammengezählt. Nimm dazu einen Taschenrechner zu Hilfe: 1239 + 8143 + 1856 + 7593 + 2406 = 21 237. Das ist die Zahl, die du in Schritt 2 notiert hast. Präsentiere deinem Freund den Zettel – er wird ganz schön staunen!

Zählen auf Esperanto

Esperanto ist eine künstliche Sprache, die Ende des 19. Jahrhunderts von einem Polen namens Ludwik Lejzer Zamenhof entwickelt wurde. Es sollte eine neutrale und leicht zu erlernende Sprache für die Kommunikation zwischen den Völkern sein. Was heißt Mathematik auf Esperanto? Ganz einfach: matematiko. Und so zählt man auf Esperanto:

Zahl	Esperanto-Vokabel	Bedeutung
0	nul	0
1	unu	1
2	du	2
3	tri	3
4	kvar	4
5	kvin	5
6	ses	6
7	sep	7
8	ok	8
9	naŭ	9
10	dek	10
11	dek unu	10 + 1
12	dek du	10 + 2
13	dek tri	10 + 3
14	dek kvar	10 + 4
15	dek kvin	10 + 5
16	dek ses	10 + 6
17	dek sep	10 + 7
18	dek ok	10 + 8

Zahl	Esperanto-Vokabel	Bedeutung
19	dek naŭ	10 + 9
20	dudek	2 x 10
21	dudek unu	2 x 10 + 1
22	dudek du	2 x 10 + 2
23	dudek tri	2 x 10 + 3
24	dudek kvar	2 x 10 + 4
25	dudek kvin	2 x 10 + 5
26	dudek ses	2 x 10 + 6
27	dudek sep	2 x 10 + 7
28	dudek ok	2 x 10 + 8
29	dudek naŭ	2 x 10 + 9
30	tridek	3 x 10
40	kvardek	4 x 10
50	kvindek	5 x 10
60	sesdek	6 x 10
70	sepdek	7 x 10
80	okdek	8 x 10
90	naŭdek	9 x 10
100	cent	100

Clevere Frauen

Frauen durften in früheren Zeiten keine Universitäten besuchen. Es gab aber wichtige Mathematikerinnen und diese Frauen mussten sich ihr Wissen ganz ohne Studium aneignen!

Eine solche berühmte Mathematikerin war Sophie Germain. Die Französin lebte von 1776 bis 1831. Obwohl die Eltern es ihr verboten hatten, las sie bereits als Teenager mathematische Bücher. Und später besorgte sie sich von Mathematik-Studenten deren Vorlesungsunterlagen, um sich weiterzubilden. Nach Abschluss ihrer Studien entwickelte Sophie eigene Theorien und entdeckte unter anderem die nach ihr benannten Sophie-Germain-Primzahlen. Sie stand sogar in Kontakt mit Carl Friedrich Gauß, allerdings unterzeichnete sie ihre Briefe mit „Antoine Auguste Le Blanc“ – einem Männernamen. Gauß erfuhr 1806 von der wahren Identität der Mathematikerin, störte sich aber nicht daran, dass er es mit einer Frau zu tun hatte.

Eine weitere berühmte Mathematikerin war Emmy Noether (1882–1935). Diese Frau hatte es schon etwas leichter, denn sie machte 1903 Abitur – und just ab diesem Jahr durften Frauen in Bayern studieren. 1907 wurde sie Doktorin der Mathematik und 1922 erhielt sie ihre erste Professur. Emmy Noether zählt zu den Begründern der modernen Algebra.

Kugelrund

Die Kugel ist ein idealer Körper, bei dem alle Punkte der Oberfläche den gleichen Abstand zum Mittelpunkt haben. Idealer Körper heißt: Wirkliche Kugeln gibt es nicht, sondern nur viele Körper, die dem menschlichen Auge wie Kugeln erscheinen.

Die Erde: Die Erdkugel ist im mathematischen Sinn keine Kugel, sie ist ein Ellipsoid! Der Grund: Die Erde ist an den Polen etwas abgeflacht – während der Äquatorumfang rund 40 075 Kilometer beträgt, beläuft sich der Polumfang nur auf etwa 39 941 Kilometer.

Der Fußball: Er ist auch keine Kugel, sondern ein sogenannter spezieller Ikosaeder – ein Zwanzigflächer. Der Fußball wird aus 20 regelmäßigen Sechsecken und 12 regelmäßigen Fünfecken gebildet.

Kugelproduktion

Kugeln zu zeichnen ist ziemlich schwierig – Kugeln herzustellen dagegen kinderleicht. Gib einfach warmes Wasser, fünf Spritzer Kindershampoo sowie drei Esslöffel Sirup in ein Glas und vermische das Ganze. Wenn das Wasser abgekühlt ist, tauche einen Plastikring hinein und schon kann's losgehen mit der Seifenblasen-Kugel-Produktion!

Origami-Würfel

Einen Würfel kannst du dir selbst aus Papier basteln. Du benötigst dazu nur ein quadratisches Stück Papier.

1. Falte das Papier von der linken unteren Ecke zur rechten oberen und entfalte es dann wieder. Wiederhole den Vorgang von der linken oberen Ecke zur rechten unteren.

2. Lege die obere Kante des Papiers auf die untere. Drücke das Papier an den vorgefalzten Stellen ein, sodass ein Dreieck herauskommt.

3. Falte die beiden unteren Ecken des Dreiecks zur oberen Ecke. Falte dann die beiden äußeren Ecken der entstandenen Figur nach innen.
Schließlich faltest du die oberen Ecken nach unten und steckst sie in die Laschen.

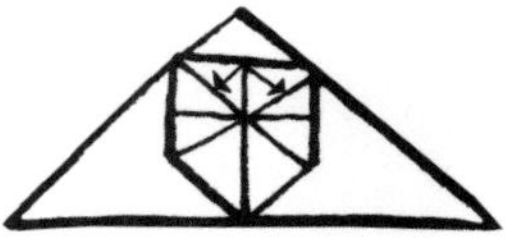

4. Diesen Vorgang wiederholst du anschließend auf der anderen Seite des Dreiecks.

5. Falte die obere und die untere Ecke zur Mitte und entfalte sie dann wieder.

6. Öffne vorsichtig die entstandene Figur und puste kräftig in das Loch an der Spitze. Fertig ist der Origami-Würfel!

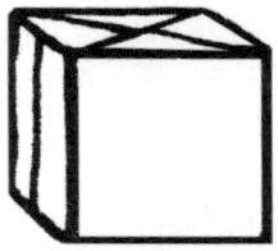

Würfelspiele

Spiele mit Würfeln sind auch nützlich, um deine Rechenfähigkeiten zu verbessern. Schließlich musst du ja immer die Augenzahlen der Würfel addieren oder zählen, wie weit du mit deiner Spielfigur hüpfen kannst.

Das Würfelspiel auf der rechten Seite setzt noch eins obendrauf! Du musst dir ein Formel-1-Rennen vorstellen und es sind insgesamt zehn Runden zu fahren. Du brauchst zwei Würfel sowie für jeden, der mitmacht, eine Spielfigur (z. B. eine Münze) sowie einen Zettel, auf dem du für jede gefahrene Runde einen Strich machst.

Und so geht's: Der jüngste Spieler wirft beide Würfel und rückt um die entsprechende Augenzahl nach vorn.
Es gibt aber einige besondere Felder:

- Kommt ein Spieler auf ein schwarzes Feld, so hat er eine Reifenpanne – er muss dann einen Würfel werfen; die Augenzahl bestimmt, wie viele Runden er aussetzen muss.
- Auch die quadratischen Felder sind nicht gerade beliebt: Wer auf ein solches Feld kommt, hat einen Motorschaden. Er wirft einen Würfel und nimmt die Augenzahl mit sich selbst mal. So viele Felder muss er dann zurückgehen.
- Vom Feinsten hingegen sind die weißen Turbofelder: Auch wer auf ein solches Feld kommt, wirft einen Würfel und nimmt die Augenzahl mit sich selbst mal. So viele Felder darf er dann nach vorne rücken.

Formel-1-Weltmeister wird, wer als Erster die vereinbarten Runden absolviert hat.

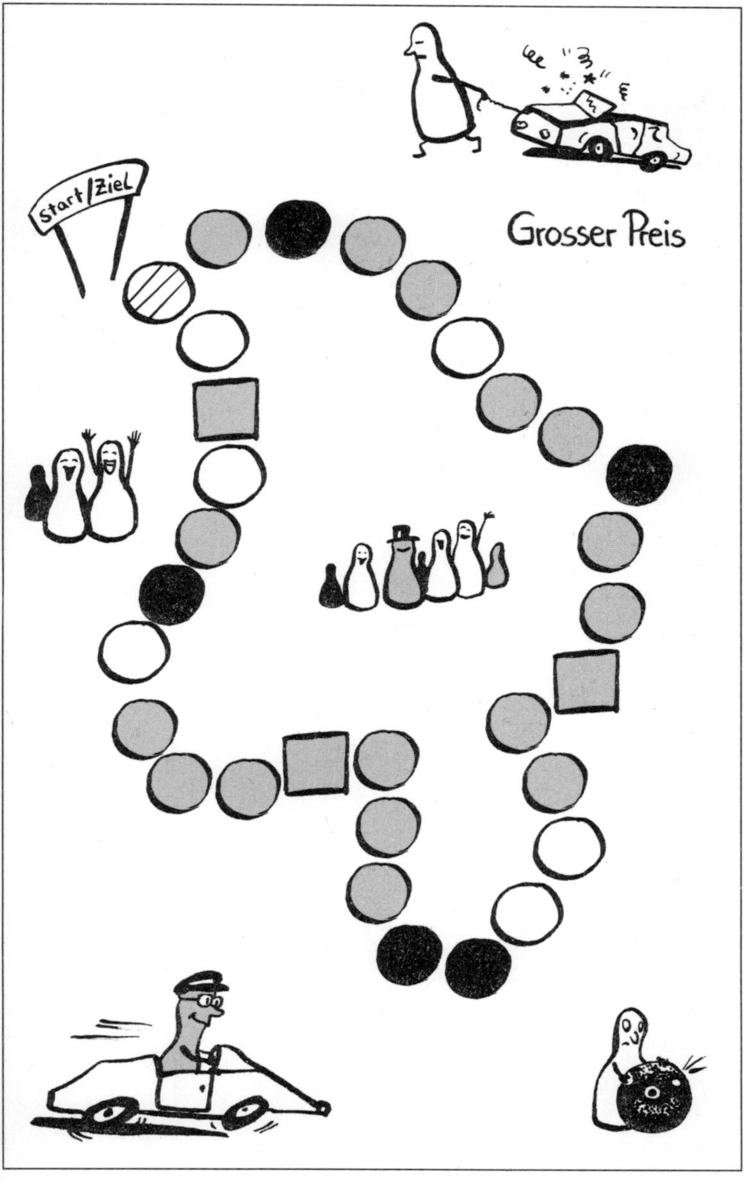
Start/Ziel
Grosser Preis

Von Bienen und Blüten

Der indische Mathematiker Bhaskara II., der im 12. Jahrhundert lebte, stellte in seinem Werk „Lilavati“ die folgende sehr knifflige Textaufgabe: „Von einem Bienenschwarm

lässt sich ein Fünftel auf einer Kadamba-Blüte und ein Drittel auf einer Silindha-Blume nieder; der dreifache Unterschied zwischen den beiden Zahlen flog nach den Blüten der Kutaja; eine Biene blieb zurück und schwebte in der Luft hin und her, zugleich angezogen vom lieblichen Duft eines Jasmins und eines Panandus. Aus wie vielen Bienen bestand dieser Schwarm?“

(Lösung: Es sind insgesamt 15 Bienen. Ein Fünftel, das sind drei Fünfzehntel. Ein Drittel, das sind fünf Fünfzehntel. Der dreifache Unterschied zwischen drei Fünfzehntel und fünf Fünfzehntel sind sechs Fünfzehntel. Das sind insgesamt 14 von 15 Bienen, eine blieb ja zurück – macht 15.)

Ein Birnbaum ...

... hat 13 Äste. An jedem Ast befinden sich sieben weitere Äste. Und an diesen Ästen jeweils noch drei Zweige. Wie viele Äpfel hängen an dem Baum?

(Lösung: Kein einziger Apfel, denn es handelt sich um einen Birnbaum.)

Pokerrunde

Beim Pokern mit fünf Karten besteht nur eine geringe Wahrscheinlichkeit, ein richtig gutes Blatt in die Hand zu bekommen. Ein echter Zocker kann sich dadurch ausrechnen, dass seine Mitspieler das eine oder andere Mal bluffen.

Blatt	Wahrscheinlichkeit
Höchste Karte	50 %
Ein Paar	rund 42 %
Zwei Paare	rund 5 %
Drilling	rund 2 %
Straße	rund 0,4 %
Flush	0,2 %
Full House	0,14 %
Vierling	0,02 %
Straight Flush	0,00135 %
Royal Flush	0,00015 %

Wer knackt den Jackpot?

Lotto spielen lohnt sich nicht oder nur für ganz wenige. Die Wahrscheinlichkeit für sechs Richtige ist nur rund 1 zu 14 Millionen, geht also gegen 0.

Wenn schon Lotto, dann bitte richtig: Verwende Zufallszahlen – auf keinen Fall Geburtsdaten, Muster usw. Das machen viele und die Wahrscheinlichkeit, einen großen Gewinn zu erhalten, schrumpft so. Im April 1999 wurden z. B. die Zahlen 2, 3, 4, 5, 6 und 26 gezogen – 38 008 Tipper erhielten für fünf Richtige jeweils nicht mal 200 Euro.

Besondere Zahlen

27,322

So viele Tage benötigt der Mond bei seinem Umlauf um die Erde, um wieder an dem gleichen Punkt anzukommen – man nennt das auch einen siderischen Monat.

66

Aus so vielen Büchern besteht die Bibel – das „Buch der Bücher".

112

Eine EU-weite Notrufnummer, mit der du Polizei, Krankenwagen oder Feuerwehr alarmieren kannst.

122

So alt wurde der bisher nachweislich älteste Mensch: die Französin Jeanne Calment, die von 1875 bis 1997 lebte.

313

So lautet das Auto-Kennzeichen von Donald Duck.

969

Der Bibel zufolge das Alter von Methusalem – vielleicht wurden die Menschen früher ja älter?

86 400

So viele Sekunden hat ein Tag. Ein Jahr mit 365 Tagen hat also 31,536 Millionen Sekunden.

Das „Pascalsche Dreieck“

Dieses Dreieck wurde nach dem französischen Mathematiker und Philosophen Blaise Pascal benannt, der von 1623 bis 1662 lebte. Es wurde jedoch bereits im Jahr 1303 im Buch „Der kostbare Spiegel der vier Elemente“ des chinesischen Mathematikers Zhu Shijie dargestellt. Finde heraus, was das Besondere am Pascalschen Dreieck ist!

1
1 1
1 2 1
1 3 3 1
1 4 6 4 1
1 5 10 10 5 1
1 6 15 20 15 6 1
1 7 21 35 35 21 7 1
1 8 28 56 70 56 28 8 1
1 9 36 84 126 126 84 36 9 1
1 10 45 120 210 252 210 120 45 10 1

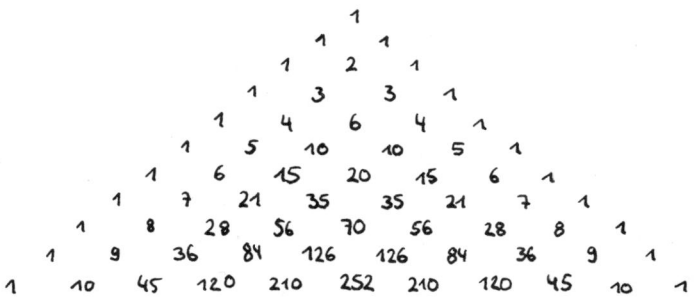

Hast du es gemerkt? Jede Zahl im Pascalschen Dreieck ist die Summe der beiden darüber befindlichen Zahlen. Das Pascalsche Dreieck hat außerdem noch etwas zu bieten – in jeder Zeile wird die Summe der darüberstehenden Zeile verdoppelt: 1; 1 + 1 = 2; 1 + 2 + 1 = 4; 1 + 3 + 3 + 1 = 8 usw. Und im Dreieck sind auch verschiedene Zahlenreihen versteckt: die natürlichen Zahlen, die sogenannten Dreiecks- und Tetraederzahlen sowie die Fibonacci-Reihe, die du bereits kennengelernt hast.

Wenn du Lust hast, führe das Pascalsche Dreieck weiter fort – insbesondere die Zahlen in der Mitte werden allerdings schnell sehr groß!

Tipps für die nächste Mathe-Arbeit

Die folgenden fünf Tipps sollen dir beim Mathe-Lernen helfen:

1. Zuallererst: Mach dich nicht verrückt, auch wenn du etwas anfangs nicht verstehst. Wenn du dich eine Weile mit einer Aufgabe beschäftigst, kommt die „Erleuchtung“ meist ganz von selbst.

2. Übung macht den Meister! Rechne so viele Aufgaben wie möglich. Fang dabei aber unbedingt mit einfacheren Aufgaben an und steigere dich langsam zu schwereren Brocken – wenn du Klavier lernst, spielst du ja auch nicht gleich eine Mozart-Sonate.

3. Kopfrechnen ist gefragt: Egal, was ihr in Mathe gerade durchnehmt, du solltest möglichst gut kopfrechnen können. Lerne das Einmaleins auswendig und wenn du mit deiner Mutter einkaufen gehst, rechne aus, wie viel die Waren im Einkaufswagen ungefähr kosten werden.

4. Wenn du mit einem Problem gar nicht weiterkommst: Mach mal eine Pause. Eine kurze Pause entspannt das Gehirn und wenn du dich später wieder an die Aufgabe setzt, fällt dir die Lösung bestimmt leichter.

5. Wenn du die Mathe-Arbeit schreibst, rechne zuerst die einfachen Aufgaben, um Punkte zu sammeln. Du bereitest dadurch gleichzeitig dein Gehirn auf die kniffligeren Teile vor.

Max musste nachsitzen …

… und seine Mutter kriegt es raus. „Du Schlingel", sagt sie. „Zu mir hast du gesagt, du würdest zu deinem Freund Alexander gehen!" Darauf Max: „Stimmte doch auch! Alex war ebenfalls beim Nachsitzen."

Pedaltritt

Du fährst mit deinem Rad zu einem Geburtstag. In einer Stunde sollst du dort sein und du hast 12 Kilometer zu fahren. Die erste Hälfte der Strecke bewältigst du mit durchschnittlich 8 Stundenkilometern. Wie schnell müsstest du auf der zweiten Streckenhälfte fahren, um pünktlich anzukommen?

a) 16 Stundenkilometer

b) 20 Stundenkilometer

c) 24 Stundenkilometer

(Lösung: Du hast für die erste Hälfte der Strecke eine Dreiviertelstunde gebraucht! Für die zweite Hälfte bleibt also nur eine Viertelstunde – mit 24 Stundenkilometern kannst du es noch schaffen.)

Wie viel ergibt …

… 5 + 9 + 2 Polizisten?

(Lösung: Das Ergebnis ist 30. Der Polizist gibt acht – zwei Polizisten, das macht also 16. 5 + 9 + 16 = 30. Hihihi!)

Hölzerner Helfer

Einen Abakus hat man vor allem früher verwendet, als man vom Taschenrechner noch nichts wusste. Doch das Rechnen mit dem Abakus kann auch heute noch eine Menge Spaß machen! Und das Beste: Den Abakus kannst du dir – mit ein wenig Geschick – selbst basteln.

Du benötigst dafür:

- einen Rahmen aus Holz – verwende am besten einen alten Bilderrahmen oder zimmere unter Anleitung eines Erwachsenen aus Holzabfällen selbst einen Rahmen
- zehn dünne Stäbe, die quer in den Rahmen reinpassen
- 100 Perlen – zehn für jeden Stab; statt der Perlen kannst du auch andere Gegenstände benutzen – wichtig ist nur, dass du sie auf die Stäbe „fädeln" kannst

Und so schnell kommst du zu deinem Abakus: Fädle als Erstes jeweils zehn Perlen auf die Stäbe und befestige die Stäbe dann einzeln am Holzrahmen. Du kannst sie entweder reinklemmen oder oben auf dem Rahmen mit Nägeln befestigen. Achte darauf, dass die Stäbe einen regelmäßigen Abstand zueinander haben, damit dein Abakus zum Schluss auch ordentlich aussieht. Wenn dein Abakus fertig ist, sollte sich in etwa so ein Bild ergeben:

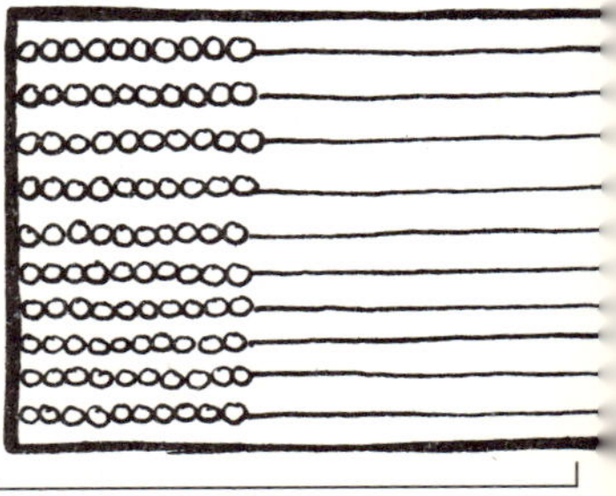

Rechnen mit dem Abakus

Einen Abakus zu verwenden ist kinderleicht. Jeder Stab steht für einen bestimmten Stellenwert: So kannst du bestimmen, dass jede Perle auf dem ersten Stab 1 zählt, jede Perle auf dem zweiten Stab 5, jede Perle auf dem dritten Stab 10, jede Perle auf dem vierten Stab 25, jede Perle auf dem fünften Stab 50 usw.

Möchtest du zwei Zahlen mithilfe deines Abakus addieren? Kein Problem! Zieh dazu zunächst Perlen für die erste Zahl von links nach rechts, dann kommen die Perlen für die zweite Zahl dazu. Du musst dann nur die Werte der Perlen auf der rechten Seite zusammenrechnen.

Das Subtrahieren funktioniert ähnlich: Du ziehst erst die Perlen für diejenige Zahl auf die rechte Seite, von der du eine oder mehrere Zahlen abziehen willst. Zum Subtrahieren verschiebst du die entsprechenden Perlen wieder nach links.

Den Abakus kannst du auch zum Multiplizieren nutzen: Zum Ausrechnen von 5 mal 7 ziehst du einfach fünfmal Perlen mit dem Wert 7 nach rechts und zählst die Werte zum Schluss zusammen.

Und Dividieren? Auch das ist mit dem Abakus möglich: Zieh dazu für die Zahl, die du durch eine andere teilen möchtest, Perlen nach rechts. Teilst du diese Zahl z. B. durch 5, nimmst du so oft die entsprechende Anzahl Perlen weg, bis es nicht mehr geht.

Brüche tun nicht immer weh

Wenn du eine Zahl durch eine andere teilst, kommen oft seltsame Sachen raus wie z. B. 0,7777777777… Mit so einer Zahl weiterzurechnen, ist ziemlich umständlich. Deshalb verwendet man in der Mathematik oft die sogenannten Bruchzahlen. Bei so einer Bruchzahl wird die Division gar nicht durchgeführt:

Statt $7 \div 9 = 0{,}7777777777\ldots$ schreibt man einfach: $\frac{7}{9}$

Das nennt man dann „sieben Neuntel“, „ein Drittel“, „drei Viertel“ usw. Hast du einen Kuchen in neun gleich große Stücke geteilt und zwei Stücke werden gegessen, so bleiben sieben Neuntel des Kuchens übrig.

Unter dem Bruchstrich steht der Nenner – er benennt die Anzahl der gleich großen Teile. Über dem Bruchstrich befindet sich der Zähler – er zählt die Anzahl der benötigten Teile ab. Sind es z. B. drei gleich große Teile und zwei davon werden abgezählt, lautet der Bruch „zwei Drittel“.

Ein besonderer Bruch ist dieser: $\frac{1}{100}$

Diesen Bruch nennt man Prozent.
Du kannst auch schreiben 1%. Prozent bedeutet wörtlich so viel wie „von Hundert“. Damit werden viele Werte ausgedrückt: 2 Prozent Zinsen, eine Wahrscheinlichkeit von 60 Prozent, dass es regnet, 10 Prozent haben eine 1 in Mathe … Du hast jetzt 100 Prozent dieser Seite gelesen.

Mathe mit Streichhölzern

Das Knobeln und Rechnen mit Streichhölzern macht nicht nur Spaß – du bringst damit auch deine Gehirnwindungen für den Mathe-Unterricht auf Vordermann. Versuche die folgenden Nüsse zu knacken. Die Lösungen findest du auf der nächsten Seite.

1. Ein Streichholz darf umgelegt werden, damit die Rechnung stimmt!

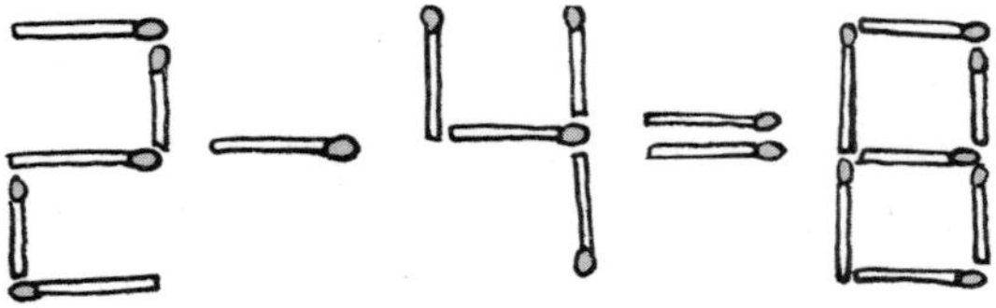

2. Mach aus sechs Quadraten drei in der gleichen Größe. Du darfst aber nur fünf Streichhölzer wegnehmen!

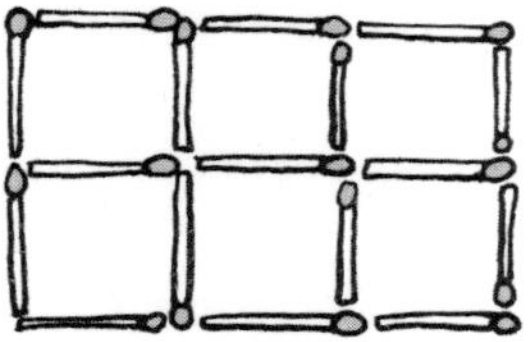

3. Mach aus den fünf Streichhölzern vier – du darfst sie beliebig verschieben, allerdings keines entfernen!

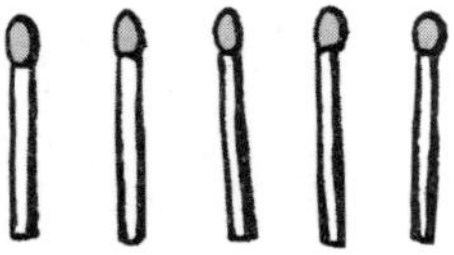

Lösungen der Streichholzrätsel

1. Nimm ein Streichholz von der 8 weg und mache aus dem Minus ein Plus!

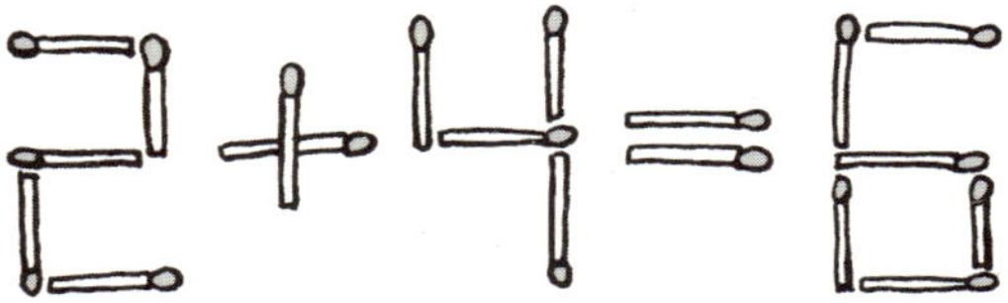

2. Bist du von selbst draufgekommen? Dann Hut ab!

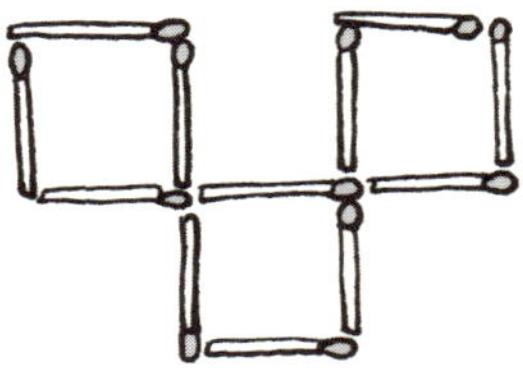

3. Zum Lösen dieser Aufgabe brauchst du viel Pfiff: Mach aus den fünf Streichhölzern die römische Vier!

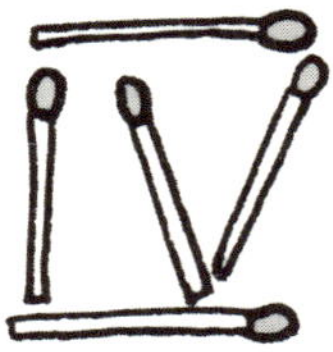

Beim Elternabend

„Sie haben unserem Kind eine 6 in Mathe gegeben. Finden Sie das gerecht?" – Darauf der Mathe-Lehrer: „Eigentlich nicht – aber eine schlechtere Note konnte ich leider nicht geben."

Computerzahlen

Im Computer wird zum Rechnen häufig das „Hexadezimalsystem“, ein Sechzehnersystem, verwendet. Das Hexadezimalsystem besteht aus 16 „Ziffern“, diese lauten:

0, 1, 2, 3, 4, 5, 6, 7, 8, 9, A, B, C, D, E, F

Im Zehnersystem würdest du dafür diese Zahlen schreiben: 0, 1, 2, 3, 4, 5, 6, 7, 8, 9, 10, 11, 12, 13, 14, 15.
Aber im Hexadezimalsystem wird folgendermaßen gezählt: 0, 1, 2, 3, 4, 5, 6, 7, 8, 9, A, B, C, D, E, F, 10, 11, 12, 13, 14, 15, 16, 17, 18, 19, 1A, 1B, 1C, 1D, 1E, 1F, 20, 21, 22, 23, 24, 25, 26, 27, 28, 29, 2A, 2B, 2C, 2D, 2E, 2F, 30 usw.

Da es sich um ein Sechzehnersystem handelt, ist jede Stelle einer größeren Hexadezimalzahl nicht nur 10-mal, sondern sogar 16-mal mehr wert, als die vorige Stelle. Angenommen du hast die Hexadezimalzahl 6FD – was meinst du: Wie lautet diese Zahl im Zehnersystem?

Das rechnest du so: D ist die erste Stelle, also kannst du sie einfach in die 13 umwandeln. F ist die zweite Stelle, deshalb musst du die 15 mit 16 multiplizieren, was 240 ergibt. Bei der dritten Stelle kommt eine Sechzehnerstelle dazu, also musst du rechnen 6 x 16 x 16 = 1536. Das Ganze zählst du dann zusammen: 13 + 240 + 1536 = 1789.

Kannst du ausrechnen, ...

... wie die Hexadezimalzahl 5BD als Dezimalzahl aussieht?

(Lösung: 1469)

Verbrecherjagd auf Italienisch

Romano Kriminale ist ein berühmter florentinischer Commissario. Eben wird er mal wieder zum Tatort gerufen: Beim Juwelier ist nachts eingebrochen worden – 150 Goldringe mit einem Gesamtgewicht von 1,5 Kilogramm, 400 Silberketten mit einem Gesamtgewicht von 4 Kilogramm und 50 kostbare Diamant-Diademe mit einem Gesamtgewicht von 2,5 Kilogramm wurden gestohlen. Wenn da mal nicht Pippo der Halsabschneider dahintersteckt! Und tatsächlich: Nachbarn haben, durch den Einbruchslärm aufgeweckt, einen Mann beobachtet, dessen Beschreibung gut auf Pippo passt – krummer Buckel, Hakennase und riesige Füße.

Doch auch nach stundenlanger Suche in Pippos Wohnung kann die Polizei nichts von der Beute entdecken. Romano Kriminale ist schon nahe daran aufzugeben. Da fällt sein Blick auf einen Zettel auf dem Kaminsims: Am Morgen wurde ein Paket mit 8 Kilogramm Gewicht bei der Post eingeliefert. Der Commissario weiß sofort Bescheid und zückt seine Handschellen, um Pippo den Halsabschneider festzunehmen. Kannst du sagen, warum?

(Lösung: Pippo der Halsabschneider hat das Diebesgut als Paket an seine eigene Adresse geschickt, weil er mit einer Hausdurchsuchung rechnete: 1,5 Kilogramm plus 4 Kilogramm plus 2,5 Kilogramm macht ein Paket von 8 Kilogramm.)

Rechnen mit Knoten

Der Quipo wurde von den Inka, einem Indianervolk in Südamerika, verwendet, um wichtige Daten zu überliefern oder Statistiken zu erstellen. Hierzu wurde in zehn Hauptfäden eine Vielzahl von Nebenfäden geknüpft. In jedem Dorf gab es einen „Wächter der Knoten“. Nur er konnte einen Quipu entschlüsseln.

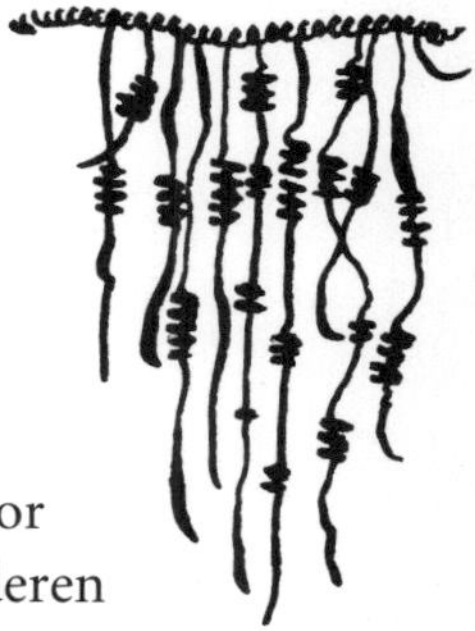

Neben der Farbe eines Fadens waren vor allem die eingeknüpften Knoten und deren Position entscheidend. Ein geübter Knotenwächter konnte einen Quipu lesen wie ein Buch. Die Ziffern von 1 bis 9 sahen im Quipu folgendermaßen aus.

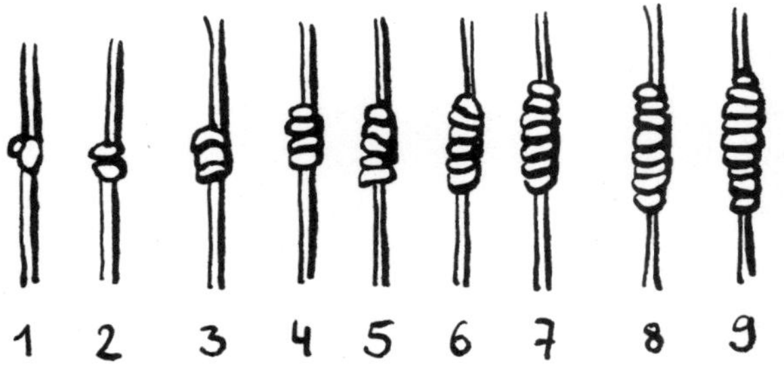

Quipus sind sehr selten, da die meisten während der spanischen Eroberung im 16. Jahrhundert zerstört wurden. Auf der ganzen Welt soll es nur noch rund 800 Exemplare geben – knapp 300 davon befinden sich im Berliner Museum für Völkerkunde. Das ist die größte Quipu-Sammlung weltweit.

Wunderkind

Carl Friedrich Gauß (1777–1855), einer der berühmtesten Mathematiker der Welt, soll bereits als Dreijähriger seinem Vater bei den Lohnabrechnungen geholfen haben. Und der kleine Carl Friedrich konnte eigenen Angaben zufolge bereits rechnen, bevor er überhaupt sprechen konnte.

Als Zehnjähriger soll Carl Friedrich Gauß seinen Lehrer in der Volksschule verblüfft haben. Dieser stellte die Aufgabe, alle Zahlen von 1 bis 100 zusammenzuzählen. Damit sollten sich die Schüler eine Weile beschäftigen. Gauß lieferte jedoch blitzschnell die richtige Antwort: 5050. Wie er das machte? Ganz einfach: Er zählte nicht wie die anderen 1 + 2 + 3 + 4 usw., sondern rechnete jeweils die Zahlen vorn und hinten zusammen, also 1 + 100; 2 + 99; 3 + 98 etc. Dabei stellte er fest, dass das Ergebnis immer 101 war. Carl Friedrich Gauß musste also nur 50-mal 101 rechnen, denn so viele Zahlenpaare gibt es zwischen 1 und 100, und erhielt 5050.

Carl Friedrich Gauß, der am 23. Februar 1855 starb, wurde übrigens ohne Gehirn beerdigt. Dieses wurde zu wissenschaftlichen Zwecken entnommen und untersucht. Es wurde in einer bestimmten Lösung konserviert und befindet sich noch heute in der medizinischen Fakultät der Universität Göttingen.

Ein weiteres Genie

Der Schweizer Leonhard Euler lebte von 1707 bis 1783. Er wurde bereits mit 33 Jahren auf einem Auge und später auch auf dem zweiten Auge blind. Trotzdem war er einer der produktivsten Mathematiker aller Zeiten: Leonhard Euler hat 866 Schriften veröffentlicht, darunter

- 40 % zu den Themen Algebra, Arithmetik und Analysis
- 28 % zu physikalischen Themen
- 18 % zur Geometrie
- 11 % zur Astronomie
- 2 % über Schiffsbau und Artillerie
- 1 % über geisteswissenschaftliche Themen

Besonders berühmt ist die nach dem Mathematiker benannte Eulersche Zahl. Sie hat wie die Kreiszahl Pi unendlich viele Nachkommastellen. Die Eulersche Zahl mit den ersten 50 Stellen hinter dem Komma sieht folgendermaßen aus:

$$e = 2{,}71828182845904523536028747135266249775724709369995$$

Wozu ist die Eulersche Zahl gut? Du wirst sie in der Schule erst später benötigen, in der sogenannten Differenzial- und Integralrechnung. Sie liegt vielen Wachstumsprozessen in der Natur zugrunde, kann aber z. B. auch in der Zinsrechnung eingesetzt werden.

Früh übt sich

Kinder können anscheinend schon rechnen, wenn sie es noch gar nicht gelernt haben. Britische Forscher stellten fünf- und sechsjährigen Kindern Rechenaufgaben, für die normalerweise ein paar Mathe-Kenntnisse erforderlich wären – in fast drei Vierteln der Fälle fanden die Kinder die richtige Lösung.

Sieben Kerzen brennen, …

… drei davon werden ausgelöscht.
Wie viele bleiben übrig?

(Lösung: Die drei ausgelöschten Kerzen bleiben übrig, die anderen vier brennen herunter!)

Verschiedene Winkel

Nullwinkel (0 Grad), gestreckter Winkel (180 Grad) oder Vollwinkel (360 Grad)

Spitzer Winkel (zwischen 0 Grad und 90 Grad)

Rechter Winkel (90 Grad)

Stumpfer Winkel (zwischen 90 Grad und 180 Grad)

Überstumpfer Winkel (zwischen 180 und 360 Grad)

Rechnen mit Buchstaben

Die hebräischen Zahlen setzen sich aus den 22 Buchstaben des hebräischen Alphabets zusammen. Die Buchstaben dienen also gleichzeitig als Ziffern! Eine weitere Besonderheit: Wörter und Zahlen werden im Hebräischen von rechts nach links gelesen, nicht wie bei uns von links nach rechts. Wie die hebräischen Zahlen bis 100 aussehen, zeigt dir die folgende Tabelle.

Zahl	Buchstabe	Name	Lautwert
1	א	Alef	-
2	ב	Bet	b, w/v
3	ג	Gimmel	g
4	ד	Dalet	d
5	ה	Hé	h
6	ו	Vav	v, o, u
7	ז	Zaijn	s, z
8	ח	Cheth	ch
9	ט	Teth	t
10	י	Jod	j, i
20	כ	Kaf	k, ch
30	ל	Lamed	l
40	מ	Mem	m
50	נ	Nun	n
60	ס	Samech	ss
70	ע	Aijn	-
80	פ	Pé	p, f
90	צ	Zadi	tz, ts
100	ק	Kof	k, q

Königliche Reise

Ein König musste im 18. Jahrhundert auf einer Reise regelmäßig die Pferde wechseln.
Für seine eigene Kutsche benötigte er die Hälfte der Pferde. Die Kutsche seines Ministers wurde von der Hälfte des Restes gezogen. Auf der verbliebenen Hälfte ritten die zwei Diener. Wie viele Pferde mussten für den König an der Poststation zur Verfügung stehen?

(Lösung: Acht Pferde – zwei für die Diener, zwei für die Kutsche des Ministers und vier für die Kutsche des Königs.)

Ausreden für den Mathe-Unterricht

„Tut mir leid, ich kann die Mathe-Arbeit nicht mitschreiben. Ich habe eine Million Nachkommastellen der Zahl Pi notiert. Jetzt habe ich einen Krampf in meiner rechten Hand."

„Nein, das Ergebnis ist nicht falsch! Ich habe für die Lösung der Aufgabe nur ein anderes Zahlensystem verwendet."

„Ich konnte die Mathe-Hausaufgaben leider nicht machen. Die Batterien des Taschenrechners waren plötzlich leer."

„Warum ich in der Klassenarbeit nur ein Viertel der Aufgaben gelöst habe? Meine Uhr ist stehen geblieben. Immer wenn ich daraufschaute, habe ich gedacht, dass ich noch viel Zeit habe."

Vedische Rechentricks

Rechentricks sollen auch in den heiligen Schriften des Hinduismus, den sogenannten Veden, zu finden gewesen sein. Dies wird zumindest behauptet, kann aber nicht mehr nachgewiesen werden. Hier zwei Beispiele:

Zweistellige Zahlen mit sich selbst malnehmen

Wie viel gibt 65 mal 65? Das ist im Kopf schwierig zu rechnen. Mit einem Trick geht es viel leichter – dieser funktioniert aber leider nur, wenn die zweistellige Zahl mit einer 5 endet:

1. Multipliziere die erste Ziffer der Zahl mit der auf sie folgenden Zahl: 6 x 7 = 42.

2. Nimm dann die zweite Ziffer mit sich selbst mal: 5 x 5 = 25.

3. Die beiden Ergebnisse schreibst du wiederum nebeneinander: 65 x 65 = 4225.

Leichter subtrahieren

Große Zahlen von 100, 1000, 10 000 usw. abziehen? Kein Problem, wenn diese jeweils eine Ziffer weniger als diejenige Zahl haben, von der du sie subtrahierst! Ziehe die ersten Ziffern der Zahl dann einfach jeweils von 9 ab und die letzte Zahl von 10.
Beispiel: Du möchtest 10 000 – 5783 ausrechnen. Also subtrahierst du 9 – 5 = 4; 9 – 7 = 2; 9 – 8 = 1 und 10 – 3 = 7. Die Zahlen schreibst du nebeneinander: 4217 – es ist das Ergebnis der Subtraktion!

Nummernschilder

Beim Autofahren kannst du den Umgang mit Zahlen trainieren. Dadurch ist auch auf längeren Fahrten nie mehr Langeweile angesagt! Notiere dir einfach die Ziffern auf den Nummernschildern der entgegenkommenden Fahrzeuge und rechne diese zusammen.

Wenn ihr mehrere Kinder seid, könnt ihr daraus ein Spiel machen: Ihr notiert die Zahlen abwechselnd – wer zuerst bei 100 angekommen ist, hat die Spielrunde gewonnen.

Ihr könnt das Spiel noch ein wenig spannender machen: Statt abwechselnd die Nummernschilder aller Fahrzeuge einzubeziehen, dürfen nur Nummernschilder von Autos einer bestimmten Farbe berechnet werden. Der erste Spieler nimmt also z. B. grüne Autos, der zweite rote Autos usw.

In einem Regal ...

... stehen zwei Bücher nebeneinander. Das erste Buch hat 133 Seiten und das zweite Buch 167 Seiten. Ein Bücherwurm frisst sich von der ersten Seite des ersten Buches bis zur letzten Seite des zweiten Buches durch. Wie viele Seiten durchfrisst er?

(Lösung: Keine einzige – nur die beiden Buchdeckel. Schau dir mal zwei Bücher an, die im Regal nebeneinanderstehen. Dann kommst du darauf, warum das so ist.)

Quadratzahlen

Quadratzahlen sind das Produkt von zwei gleichen Zahlen, z. B. 6 x 6 = 36. Du kannst auch schreiben:

$$6^2 = 36$$

36 ist dann die Quadratzahl von 6. Die Quadratzahl heißt nicht ohne Grund so: Hast du eine Linie, die 6 Zentimeter lang ist, dann gibt die Quadratzahl 36 an, dass die Fläche eines Quadrats, das du mit Linien dieser Länge bilden würdest, eine Fläche von 36 Quadratzentimetern hätte.

Aus einer Quadratzahl kannst du die Quadratwurzel ziehen, um herauszufinden, welche Zahl mit sich selbst malgenommen die Quadratzahl ergibt. Das sieht dann so aus:

$$\sqrt{36} = 6$$

Die Zahlen von 1 bis 20 und ihre Quadratzahlen findest du in der folgenden Tabelle.

Zahl	Rechne	Quadratzahl
1	1 x 1	1
2	2 x 2	4
3	3 x 3	9
4	4 x 4	16
5	5 x 5	25
6	6 x 6	36
7	7 x 7	49
8	8 x 8	64
9	9 x 9	81
10	10 x 10	100

Zahl	Rechne	Quadratzahl
11	11 x 11	121
12	12 x 12	144
13	13 x 13	169
14	14 x 14	196
15	15 x 15	225
16	16 x 16	256
17	17 x 17	289
18	18 x 18	324
19	19 x 19	361
20	20 x 20	400

Ein Schüler …

… fragt seinen Vater: „Du, verdienen Lehrer eigentlich auch Geld?" – „Natürlich." – „Gemeinheit! Und wir dürfen die ganze Arbeit machen."

Logische Trugschlüsse

Logisches Denken ist in der Mathematik sehr wichtig – das Ergebnis einer Rechenaufgabe kannst du dir ja nicht herträumen. Logisch denken bedeutet einfach, dass du aus bestimmten Aussagen die richtigen Schlussfolgerungen ziehst. Hier ein paar Beispiele:

Alle Menschen sind sterblich.
Sokrates ist ein Mensch.
Also ist Sokrates sterblich.

Aber aufgepasst: Es gibt auch die sogenannten Trugschlüsse! So nennt man Schlussfolgerungen, mit denen du dich selbst hinters Licht führen kannst, z.B.:

Alle Lehrer mögen Kinder.
Kinder mögen Purzelbäume.
Also mögen alle Lehrer Purzelbäume.

oder

Jeder Schlüssel hat einen Bart.
Bärte kann man rasieren.
Also kann man Schlüssel rasieren.

Fallen dir weitere Beispiele für Trugschlüsse ein?

Zählen und Ordnen

Kennst du den Unterschied zwischen einer „Kardinalzahl“ und einer „Ordinalzahl“? Ganz einfach: Die Kardinalzahlen sind die normalen natürlichen Zahlen, mit denen du Dinge zählst. Die Ordinalzahl gibt hingegen die Position eines Elements in einer Reihe an.

Kardinalzahl	Ordinalzahl
eins	erstes
zwei	zweites
drei	drittes
vier	viertes
fünf	fünftes
usw.	usw.

Tic Tac Toe

Das Spiel ist ganz einfach: Du zeichnest ein drei mal drei Felder großes Spielfeld auf ein Blatt Papier. Einer fängt an und macht ein Kreuzchen. Der andere macht einen Kreis. Dann der andere wieder ein Kreuzchen usw. Ziel des Spieles ist es, drei Kreuze oder Kreise in einer Reihe, Spalte oder Diagonalen zustande zu bringen.

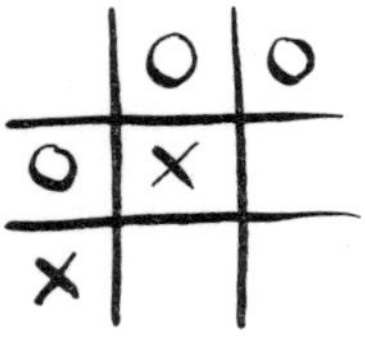

Wer hat beim Tic Tac Toe die besseren Chancen zu gewinnen – derjenige, der anfängt, oder der, der als Zweiter an die Reihe kommt? Du wirst staunen: Es gibt insgesamt 255 168 mögliche Spielverläufe. 131 184 Spiele kann derjenige gewinnen, der beginnt, der Zweite nur 77 904 Spiele. Bei 46 080 Spielen gibt es ein Unentschieden.

Die Erfindung des Schachspiels

Der Erfinder des Schachspiels soll ein Inder gewesen sein, der Brahmane Sissa hieß. Dessen Fürst Shihram war von dem Spiel sehr begeistert. Er rief Sissa deshalb zu sich und gewährte ihm einen Wunsch. Sissa wünschte sich Folgendes: Ein Schachbrett hat 64 Felder. Auf das erste Feld sollte ein Weizenkorn gelegt werden, auf das zweite Feld zwei Weizenkörner, auf das dritte Feld vier Weizenkörner usw. Also immer doppelt so viele wie vorher. Der Fürst dachte sich daraufhin im Stillen, mit was für einem Narr er es zu tun habe. Denn damit hatte er nicht gerechnet: Insgesamt kamen über 18 Trillionen Weizenkörner zusammen!

Selbst wenn der Fürst sein ganzes Reich verkauft hätte, hätte er Sissa nicht bezahlen können. Der Schatzmeister gab ihm einen anderen Rat: Der Fürst solle Sissa die Weizenkörner einfach abzählen lassen. Damit hatte er erst einmal zu tun!

Männer und Frauen

Einer Studie zufolge sind Jungen im Rechnen tatsächlich besser als Mädchen. Frauen sind jedoch bessere Mathe-Lehrer als Männer. Natürlich sind das nur Tendenzen: Es gibt viele weibliche Rechenasse und auch männliche Mathe-Lehrer, die richtig was draufhaben!

Ein schnelles Köpfchen

Johann Martin Zacharias Dase ist noch heute eine Legende in Sachen Kopfrechnen. Der Hamburger lebte von 1824 bis 1861 und konnte so gut rechnen, dass er für seine Fähigkeiten sogar von Mathe-Genie Carl Friedrich Gauß bewundert wurde. 54 Sekunden benötigte er z. B. für die Multiplikation dieser beiden Zahlen:

7 932 853 x 93 758 479

Mit seinen Rechenkünsten trat Dase bereits als Fünfzehnjähriger im In- und Ausland auf. Für die Multiplikation zweier 60-stelliger Zahlen brauchte er knapp drei Stunden – also eine abendfüllende Angelegenheit und scheinbar sehr unterhaltend für das damalige Publikum.

?echenhirn

?ei Kindern, die besonders gut rechnen können, ?ießt während des Rechnens sechs- bis siebenmal ?o viel Blut in derjenigen Gehirnregion, die für ?ie mathematischen Fähigkeiten zuständig ist.

Grusel-Zahl

Die Zahl 666 wird auch „Zahl des Antichristen" genannt. Sie wird in der Bibel im Neuen Testament erwähnt, genauer gesagt in der Offenbarung des Johannes (Kapitel 13, Vers 18). Dort steht:

„Wer Verstand hat, kann herausfinden, was die Zahl des Tieres bedeutet, denn es ist die Zahl eines Menschen. Es ist die Zahl 666."

Es gibt Leute, die in dieser Zahl eine teuflische Botschaft sehen oder sich eine Verschwörungstheorie dazu ausdenken. Viel wahrscheinlicher ist aber, dass mit dieser Zahl der römische Kaiser Nero gemeint war, der damals die Christen verfolgte und grausam ermorden ließ. Die Hebräer benutzten auch für die Darstellung von Zahlen Buchstaben und die hebräische Schreibung für „Kaiser Nero" ergibt tatsächlich die Zahl 666.

Auch davon abgesehen ist die 666 eine sehr interessante Zahl. Du kannst sie aus den römischen Ziffern von 1 bis 500 bilden:

DCLXVI

Du kannst sie aus den Quadratzahlen der ersten sieben Primzahlen bilden:

$$2^2 + 3^2 + 5^2 + 7^2 + 11^2 + 13^2 + 17^2 = 666.$$

Du kannst die ersten 144 Nachkommastellen der Zahl Pi zusammenzählen und erhältst 666.

Mathe und die Natur

Auch in der Natur spielt Mathe eine große Rolle. Mithilfe der Mathematik kann die Lebenserwartung der einzelnen Lebewesen, auch des Menschen, berechnet werden. Wusstest du z. B., dass Mönche eine besonders hohe Lebenserwartung haben?

Auch in der Natur gibt es mathematische Genies, z. B. die nordamerikanische Singzikade „Magicicada“. Diese paart sich nur alle 13 oder 17 Jahre, legt ihre Eier ab und stirbt kurze Zeit später. Warum gerade 13 oder 17 Jahre? Du hast es sicher gemerkt: Das sind Primzahlen, die nur durch 1 und durch sich selbst teilbar sind. Eine schlaue Einrichtung, denn die Zikaden können auf diese Weise praktisch nur von Räubern gefressen werden, die jährlich auftreten!

Auch das hat mit Mathe zu tun: Vielleicht hast du schon von den Lemmingen gehört? Das sind skandinavische Nagetiere, von denen man sich erzählt, dass sie alle drei bis fünf Jahre massenhaft Selbstmord begehen. Dadurch versuchte man zu begründen, warum es nach so einem Intervall plötzlich viel weniger Lemminge gab als noch kurz vorher. Die wirkliche Ursache hierfür ist aber gar nicht so spektakulär: Gibt es viele Lemminge, gibt es weniger Nahrung pro Lemming – viele verhungern deshalb. Wenn es viele Lemminge gibt, vermehren sich außerdem deren Feinde stärker, die sich von Lemmingen ernähren.

Da raucht der Kopf!

Das Sudoku ist ein kniffliges Logik-Rätsel, mit dem du deine Gehirnwindungen fit machen kannst. Das Spiel wurde Mitte der 1980er in Japan bekannt. Erfunden hat es einige Jahre zuvor ein Amerikaner namens Howard Garns.

Die Spielregeln sind einfach: Das Sudoku ist ein Quadrat, das aus mehreren Unterquadraten mit jeweils mehreren Feldern besteht. In diesen Feldern sind mehr oder weniger Ziffern von 1 bis 9 vorgegeben und du sollst nun die restlichen Ziffern ergänzen. Allerdings darf in jeder Reihe, in jeder Spalte und in jedem Unterquadrat eine Ziffer jeweils nur einmal vorkommen. Tüfteln ist also angesagt!

Stattliche Anzahl: Bei einem Sudoku, das neun mal neun Felder hat, gibt es 6 670 903 752 021 072 936 960 Lösungsmöglichkeiten – knapp 6,7 Trilliarden!

Kluge Köpfe: Im Frühjahr 2006 wurde in Italien die erste Sudoku-Weltmeisterschaft ausgetragen, an der 85 Teilnehmer aus 22 Ländern teilnahmen. Erster Weltmeister wurde die Tschechin Jana Tylová.

Versuche, die folgenden Sudokus zu lösen! Übertrage dazu die Felder und Ziffern auf ein Blatt Papier. Markiere beim Ausfüllen unsichere Zahlen, damit du weißt, wo du Änderungen durchführen musst, wenn es mit dem Sudoku-Lösen nicht gleich hinhaut.

	9	2				7	4	
1		7				6		9
3		6	8		9	1		2
7	3		5	4	8		1	6
			2	9	6			
6	2		7	1	3		8	4
8		4	1		2	5		7
2		3				8		1
	5	1				4	2	

3	5			4			1	7
	8	1				5	4	
6			1	5	9			3
	4	6	9		2	1	7	
7		8		1		3		2
	2	3	5		7	6	9	
8			7	6	4			9
	6	7				4	8	
4	3			2			6	5

Sudoku-Lösungen

5	9	2	3	6	1	7	4	8
1	8	7	4	2	5	6	3	9
3	4	6	8	7	9	1	5	2
7	3	9	5	4	8	2	1	6
4	1	8	2	9	6	3	7	5
6	2	5	7	1	3	9	8	4
8	6	4	1	3	2	5	9	7
2	7	3	9	5	4	8	6	1
9	5	1	6	8	7	4	2	3

3	5	2	6	4	8	9	1	7
9	8	1	2	7	3	5	4	6
6	7	4	1	5	9	8	2	3
5	4	6	9	3	2	1	7	8
7	9	8	4	1	6	3	5	2
1	2	3	5	8	7	6	9	4
8	1	5	7	6	4	2	3	9
2	6	7	3	9	5	4	8	1
4	3	9	8	2	1	7	6	5

Der Taschenrechner

Die ersten Taschenrechner wurden erst ab Ende der 1960er Jahre hergestellt und waren anfangs noch sehr teuer.

Je nach Taschenrechner werden mehr oder weniger Funktionen angeboten. Die Grundrechenarten (plus, minus, mal, geteilt) kannst du immer durchführen. Hierzu gibst du einfach die gewünschten Zahlen ein, drückst dazwischen die entsprechende Taste und zum Schluss betätigst du die Taste mit dem Gleichheitszeichen. Daneben gibt es meist weitere Funktionen. In der folgenden Tabelle werden die wichtigsten vorgestellt.

Taste	**Funktion**
÷	geteilt durch
x	mal
–	minus
+	plus
=	ist gleich
.	Trennzeichen für Nachkommastellen wird eingefügt
C	Angezeigte Zahl wird gelöscht
CE	Gesamte Berechnung wird gelöscht
%	Wie viel sind 25 Prozent von 50? Rechne 25 mal 50 und drücke anschließend die %-Taste, um es herauszufinden.
$\sqrt{}$	Wie lautet die Quadratwurzel von 16? Gib 16 ein und drücke die $\sqrt{}$-Taste, um das gewünschte Ergebnis zu erhalten.

Diebesgut

Alfredo der Pirat kehrt mit seiner Mannschaft von einem Raubzug zurück. Von insgesamt 400 Kilogramm Gold sollen die beiden Hauptleute jeweils 20 Kilogramm erhalten, die Matrosen 15 Kilogramm und die Schiffsjungen 10 Kilogramm. Insgesamt sind es 30 Piraten – wie viele Hauptleute, wie viele Matrosen und wie viele Schiffsjungen sind darunter?

(Lösung: Unter den 30 Piraten sind neben den zwei Hauptleuten 16 Matrosen und 12 Schiffsjungen: 2 x 20 = 40; 16 x 15 = 240; 12 x 10 = 120; 40 + 240 + 120 = 400.)

Wer gewinnt?

Der griechische Held Achilles und eine Schildkröte machen einen Wettlauf. Die Schildkröte erhält einen Vorsprung, weil sie nicht so schnell laufen kann. Nun hat Achilles aber ein Problem: Immer wenn er den Vorsprung eingeholt hat, ist die Schildkröte bereits ein Stück weitergelaufen. Gewinnt also die Schildkröte das Rennen?

(Lösung: Natürlich gewinnt in Wirklichkeit Achilles das Rennen, denn er wartet ja nicht, bis die Schildkröte jeweils einen neuen Vorsprung gewonnen hat.)

Hahaha!

„Mutti! Keiner in der Schule mag mich. Ich gehe einfach nicht mehr hin." – „Oh doch, du musst – schließlich bist du der Rektor!"

Malender Mathematiker

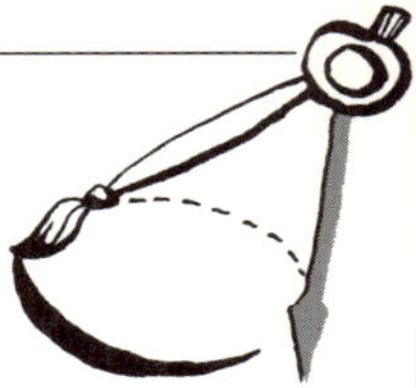

Der Künstler Albrecht Dürer zählt zu den berühmtesten deutschen Malern und Grafikern aller Zeiten. Er lebte von 1471 bis 1528 in Nürnberg. Was kaum jemand weiß: Dürer war auch ein begnadeter Mathematiker. Er hat auch ein Mathematik-Buch veröffentlicht: Es hieß „Underweysung der messung mit dem zirckel und richtscheyt" und ist 1525 erschienen.

Mathe im Museum

Eine berühmte Sammlung mathematischer und physikalischer Instrumente gibt es im „Mathematisch-Physikalischen Salon" in Dresden. Diese Sammlung von Messgeräten und weiteren wissenschaftlichen Instrumenten befindet sich bereits seit dem Jahr 1728 im Dresdener Zwinger. Ebenfalls sehr interessant: das „Arithmeum" in Bonn, das viele Beispiele aus der Geschichte des Rechnens zeigt. Seit 2002 gibt es außerdem auch in Gießen ein spannendes Mathematik-Mitmach-Museum – das „Mathematikum".

Wie viele Vierecke …

… zeigt die Grafik?

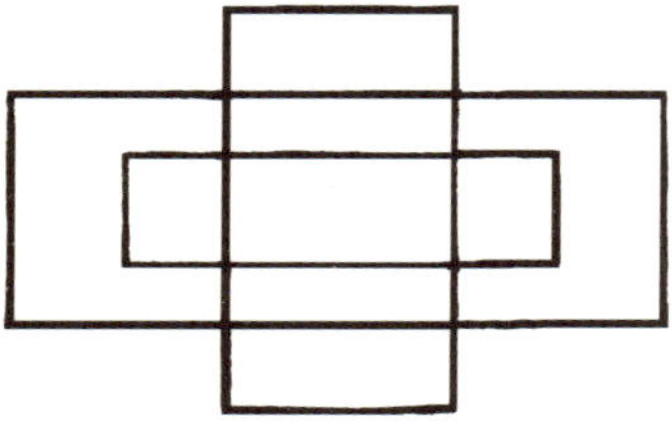

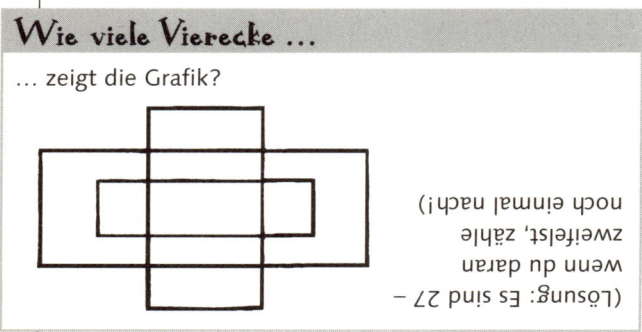

(Lösung: Es sind 27 – wenn du daran zweifelst, zähle noch einmal nach!)

Mathematische Gesetze

Assoziativgesetz

Assoziieren bedeutet „verbinden“. Das Assoziativgesetz regelt, wann und wie Zahlen innerhalb einer Rechenaufgabe miteinander verbunden werden dürfen. Du schreibst die Zahlen hierzu in Klammern. Assoziieren darfst du aber nur Summanden in einer Addition oder Faktoren in einer Multiplikation. Du kannst also z. B. rechnen:

8 + 2 + 5 = (8 + 2) + 5 = 10 + 5 = 15
oder
2 x 5 x 17 = (2 x 5) x 17 = 10 x 17 = 170

Kommutativgesetz

Dieses Wort kommt vom lateinischen „commutare“ für „vertauschen“. Das Kommutativgesetz besagt, dass du Zahlen in einer Addition oder Multiplikation vertauschen darfst, nicht aber in einer Subtraktion oder einer Division, z. B.:
8 + 2 + 5 = 5 + 2 + 8 = 2 + 8 + 5 = 15
oder
2 x 5 x 17 = 2 x 17 x 5 = 17 x 5 x 2 = 170

Distributivgesetz

Dank dem Distributivgesetz (von „distribuere“ für „verteilen“) kannst du Zahlen aufspalten, um einfacher damit zu rechnen. Das kann insbesondere bei einer Multiplikation sehr hilfreich sein, z. B.:

17 x 7 = (10 + 7) x 7 = (10 x 7) + (7 x 7) = 70 + 49 = 119

Isaac Newton

Der bedeutende Mathematiker und Physiker lebte von 1643 bis 1727 in England. Folgende Zitate werden dem Briten zugeschrieben:

- „Was wir wissen, ist ein Tropfen; was wir nicht wissen, ein Ozean."
- „Wenn ich weiter als andere gesehen habe, dann nur deshalb, weil ich auf der Schulter von Giganten stand."
- „Ich kann die Bewegung der Himmelskörper berechnen, aber nicht das Verhalten der Menschen."
- „In der Wissenschaft gleichen wir alle nur den Kindern, die am Rande des Wissens hier und da einen Kiesel aufheben, während sich der weite Ozean des Unbekannten vor unseren Augen erstreckt."

Das Gesetz der Schwerkraft

Isaac Newton soll dieses Gesetz entdeckt haben, als er es sich unter einem Apfelbaum gemütlich gemacht hatte. Er überlegte gerade, was den Mond in seiner Bahn hielt, als ihm plötzlich ein Apfel auf den Kopf fiel und er feststellte, dass es sich um dieselbe Kraft handeln müsse – die Schwerkraft eben.

Computer-Crack

Ebenfalls Britin war die Tochter des berühmten Dichters Lord Byron, Ada Lovelace (1815–1852). Sie soll entdeckt haben, wie man bestimmte Zahlen mit einer Maschine berechnen könne. Sie gilt daher als erster Programmierer der Geschichte. Ihr zu Ehren wurde eine Computersprache „Ada“ getauft.

Ein reicher Kaufmann …

… möchte sein Grundstück vergrößern. Das Grundstück soll weiterhin quadratisch sein und die Bäume dürfen weder auf dem Grundstück stehen, noch gefällt oder umgepflanzt werden. Kannst du dem Landschaftsgärtner bei der Lösung helfen?

Geld gespart

„Papi, ich habe gute Nachrichten: Du musst mir für das nächste Jahr keine neuen Schulbücher kaufen! Hier ist mein Zeugnis.“

(Lösung: Man muss das neue Quadrat lediglich schräg einfügen, sodass dessen Seiten jeweils in der Mitte die Ecken des bestehenden Quadrats berühren.)

7 Tipps für den Mathe-Unterricht

1. Pass im Unterricht auf – du musst den Stoff ansonsten zu Hause nachholen.

2. Frag sofort nach, wenn du etwas nicht kapierst! Es gibt bekanntlich nur eine dumme Frage und das ist die, welche nicht gestellt wird.

3. Melde dich stets, wenn du etwas weißt. Das macht auf deinen Lehrer einen guten Eindruck!

4. Lobe doch mal deinen Lehrer, wenn er etwas besonders gut erklärt hat – es wird ihn sicher auch freuen.

5. Mathe-Lehrer sind auch nur Menschen: Wenn einer mal einen schlechten Tag hat, sei nicht gleich eingeschnappt.

6. Selbst wenn andere um dich herum Quatsch machen, mach nicht mit. Die anderen werden bei der nächsten Mathe-Arbeit schon sehen, was sie davon haben.

7. Wenn es mit Mathe mal nicht so richtig klappt, schiebe die Schuld nicht auf den Lehrer oder deine Mitschüler. Lerne stattdessen doppelt so viel – dann schaffst du es!

Abschlusspanne

An einem Gymnasium im österreichischen Salzburg wurde den Schülern bei der Mathe-Abschlussprüfung 2007 gründlich die Suppe versalzen: Eine der vier Mathe-Aufgaben konnte überhaupt nicht gelöst werden!

Wo arbeiten eigentlich Mathematiker?

- Als Mathe-Lehrer in der Schule
- Als Professoren an der Universität
- Als Beamte, um Statistiken zu erstellen
- Bei Banken, um Börsenkurse zu analysieren
- Bei Versicherungen, um Risiken abzuschätzen
- Bei Software-Herstellern, um an der Entwicklung von Programmen mitzuarbeiten
- Bei Eisenbahn- oder Fluggesellschaften, um Fahrpläne zu erstellen
- In der Raumfahrttechnik, um Flugbahnen zu berechnen
- In Pharma-Firmen, um Forschungsergebnisse auszuwerten
- Bei vielen weiteren Unternehmen, um komplizierte Berechnungen durchzuführen

Wer hätte das gedacht?

Das Wort „Schule“ kommt vom lateinischen „schola“, das sich wiederum aus dem Griechischen „schole“ ableitet. Die ursprüngliche Bedeutung war „Freizeit“ – denn in der Antike mussten griechische Kinder, die arme Eltern hatten, arbeiten; nur die Reichen hatten „Freizeit“, um zu lernen.

Mathematik und Philosophie

Es gab eine Menge berühmte Philosophen, die gleichzeitig gute Mathematiker waren und umgekehrt. Philosophie bedeutet so viel wie „Liebe zur Weisheit“. Sie schöpft ihre Erkenntnisse also wie die Mathematik vor allem aus dem reinen Denken.

Beides, Mathematiker und Philosoph, war der Franzose René Descartes, der von 1596 bis 1650 lebte. Als Mathematiker hat er die „analytische Geometrie“ erfunden, die eine Verknüpfung von Algebra und Geometrie darstellt. Als Philosoph hat sich Descartes in erster Linie durch die Begründung des Rationalismus einen Namen gemacht: Er schlug vor, an allem erst einmal zu zweifeln, denn nur das eigene Sein sei sicher. Descartes' berühmtester Satz lautet: „Ich denke, also bin ich.“

Ebenfalls französischer Mathematiker und Philosoph war Blaise Pascal (1623–1662). Bereits als Zwölfjähriger verblüffte er seine Zeitgenossen durch sein immenses geometrisches Wissen. Als 19-Jähriger konstruierte er für seinen Vater eine Rechenmaschine – die „Pascaline“, mit der zunächst nur addiert, später aber auch subtrahiert werden konnte. In seiner Philosophie setzte sich Pascal insbesondere für eine Trennung von

Kirche und Wissenschaft ein – er wollte nicht, dass die Religion und der Glaube wie ein wissenschaftliches Objekt analysiert wurden.

Ein berühmter Philosoph, Mathematiker, Rechtsgelehrter, Techniker, Schriftsteller, Geschichts- und Sprachwissenschaftler und noch so einiges mehr war Gottfried Wilhelm Freiherr von Leibniz, der von 1646 bis 1716 lebte. Leibniz war ein echtes Universalgenie. In Sachen Mathematik hat Leibniz unter anderem die Grundlagen für die sogenannte Infinitesimalrechnung gelegt, außerdem eine Rechenmaschine erfunden, mit der man sogar multiplizieren und dividieren konnte.

Schon gewusst?

Nach dem Philosophen Leibniz wurden die bekannten Leibniz-Butterkekse benannt. Sie wurden zum ersten Mal im Jahre 1891 in Hannover hergestellt, einer der Wirkungsstätten des Philosophen.

Als Philosoph ging Leibniz davon aus, dass der Mensch in der „besten aller möglichen Welten" lebe, weil sie ja von Gott geschaffen sei und dieser nichts Schlechtes fabriziere. Leider gehört aber auch das Übel zur besten aller möglichen Welten – denn etwas Geschaffenes könne nicht vollkommen sein, da es sonst mit Gott identisch wäre. Über sich selbst schrieb Leibniz: „Beim Erwachen hatte ich schon so viele Einfälle, dass der Tag nicht ausreichte, um sie niederzuschreiben." Das war wirklich ein kreativer Kopf!

Leichter und schneller kopfrechnen

Große Zahlen multiplizieren

Du möchtest Zahlen wie 41 und 14 malnehmen? Rechne dazu erst die „Zehner" aus. Du rechnest also z.B. erst 41 x 10 = 410, dann 40 x 4 = 160, dann 1 x 4 = 4. Zum Schluss addierst du die Ergebnisse: 410 + 160 + 4 = 574. Willst du eine größere Zahl mit 5 malnehmen? Dann führe dazu einfach eine Multiplikation mit 10 durch und teile das Ergebnis anschließend durch 2. Das wird dir in vielen Fällen leichter fallen.

Mehrere Zahlen viel schneller addieren

Verschiedene Zahlen im Kopf zusammenrechnen – da kommen viele ins Schwitzen. Mit zwei einfachen Tricks wird es dir zukünftig viel besser gelingen.

1. Suche nach Zahlen, die zusammenpassen, und addiere diese zuerst, z.B. 13 + 17 = 30. Wenn hinten eine Null steht, kannst du mit der Zahl viel leichter weiterrechnen.

2. Wenn du keine Zahlen findest, die zusammenpassen, auch kein Problem. Dann runde Zahlen auf oder ab, um einfacher damit rechnen zu können. Aus 97 machst du beispielsweise eine 100. Die hinzugefügte 3 musst du später natürlich wieder abziehen.

Subtrahieren leicht gemacht

Eine Zahl von einer anderen im Kopf abziehen, das muss nicht schwer sein. Bei einer zweistelligen Zahl ziehst du zunächst die Zehner ab, dann die Einer. Bei 66 – 24 rechnest du also erst 66 – 20 = 46, dann 46 – 4 = 42.

Besser dividieren dank Teilbarkeitsregeln

Die Teilbarkeitsregeln geben dir Auskunft, ob bei einer Zahl die Teilbarkeit ohne Rest möglich ist oder nicht:

- Jede natürliche Zahl ist durch 1 teilbar.
- Eine Zahl ist durch 2 teilbar, wenn die letzte Ziffer gerade ist (also 0, 2, 4, 6 oder 8).
- Eine Zahl ist durch 3 teilbar, wenn ihre Quersumme durch 3 teilbar ist. Die Quersumme von 168 lautet $1 + 6 + 8 = 15$. 15 ist durch 3 teilbar, also auch 168.
- Eine Zahl ist durch 4 teilbar, wenn die Zahl aus den letzten beiden Ziffern durch 4 teilbar ist oder 00 lautet: Die letzten beiden Ziffern von 1764 sind 6 und 4. 64 ist durch 4 teilbar. Also ist auch 1764 durch 4 teilbar.
- Eine Zahl ist durch 5 teilbar, wenn deren letzte Ziffer entweder 0 oder 5 ist.
- Eine Zahl ist durch 6 teilbar, wenn sie sowohl durch 2 als auch durch 3 teilbar ist.
- Eine Zahl ist durch 7 teilbar, wenn ihre „alternierende 3er-Quersumme“ durch 7 teilbar ist. Das ist etwas komplizierter: Hier bündelst du jeweils die letzten drei Ziffern einer Zahl und subtrahierst die restlichen Ziffern. Bei 2457 würdest du rechnen: $457 - 2 = 455$. 455 ist durch 7 teilbar, also ist auch 2457 durch 7 teilbar.
- Eine Zahl ist durch 8 teilbar, wenn die Zahl aus den letzten drei Ziffern durch 8 teilbar ist.
- Eine Zahl ist durch 9 teilbar, wenn ihre Quersumme durch 9 teilbar ist. Die Quersumme von 162 lautet $1 + 6 + 2 = 9$. 9 ist durch 9 teilbar, also ist auch 162 durch 9 teilbar.
- Eine Zahl ist durch 10 teilbar, wenn die letzte Ziffer eine 0 ist.

„Nur ein Genie …

… beherrscht das Chaos."
(Albert Einstein zugeschrieben)

Chaotisch

Der Begriff „Chaos“ kommt aus dem Griechischen und bedeutet „Unordnung“. Das Gegenteil ist der Kosmos, die Ordnung. Auch mit dem Chaos beschäftigt man sich in der Mathematik. Bei einem chaotischen System führen bereits minimale Veränderungen in den Anfangsbedingungen dazu, dass keine genauen Voraussagen mehr gemacht werden können. Chaotische Systems sind z. B. das Wetter oder die Börsenkurse – wenn Letztere vorausgesagt werden könnten, gäbe es sicherlich viel mehr Millionäre.

„Chaos ist …

… Ordnung, die wir nicht verstehen."
(Konstantin Wecker)

In den 1960er Jahren wurde vom amerikanischen Meteorologen Edward Norton Lorenz der Begriff „Schmetterlingseffekt“ geprägt: Er stellte fest, dass der Flügelschlag eines einzigen Schmetterlings im tropischen Regenwald einen Sturm in Europa auslösen kann. Deshalb kann das Wetter nur für wenige Tage im Voraus vorhergesagt werden und selbst die Wettervorhersage für den nächsten Tag stimmt nicht immer.

Geburtstags-Rechentrick

Jemand will dir seinen Geburtstag nicht verraten? Mit dem folgenden Rechentrick findest du ihn dennoch heraus:

1. Die Person soll einen Taschenrechner zur Hand nehmen und den Tag ihres Geburtstages mal 20 nehmen. Hat sie z. B. am 4. August 1999 Geburtstag, rechnet sie: 4 x 20 = 80.

2. Zum Ergebnis werden 3 dazugezählt: 80 + 3 = 83.

3. Nun wird das Ganze mit 5 malgenommen: 83 x 5 = 415.

4. Die Monatszahl wird dazugezählt, in diesem Fall ist es eine 8 für den August: 415 + 8 = 423.

5. Das Ergebnis aus Schritt 4 wird wiederum mit 20 multipliziert: 423 x 20 = 8460.

6. Nun werden wieder 3 dazugezählt: 8460 + 3 = 8463.

7. Als Nächstes folgt eine Multiplikation mit 5: 8463 x 5 = 42 315.

8. Zuletzt werden die letzten beiden Zahlen des Jahres addiert: 42 315 + 99 = 42 414. Dieses Ergebnis soll dir die Person nennen.

Ziehe von der Zahl 1515 ab. In diesem Fall rechnest du also 42 414 – 1515 = 40 899. Fällt dir etwas auf? Es ist der gesuchte Geburtstag: 4.08.99 – der 4. August 1999.

Wichtige Mathe-Wörter

Abakus Eine mechanische Rechenhilfe, die vor allem verwendet wurde, als es noch keine elektronischen Taschenrechner gab.

Addition So nennt man das Zusammenzählen von mindestens zwei Zahlen. Die Zahlen, die addiert werden, nennt man Summanden. Das Ergebnis ist die Summe.

Algebra Ein wichtiges Teilgebiet der Mathematik, das sich insbesondere mit dem Lösen mathematischer Gleichungen beschäftigt.

Arithmetik Dieses Teilgebiet der Mathematik beschäftigt sich mit den Zahlen und dem Rechnen mit den Zahlen.

Dezimalsystem So wird unser Zahlensystem genannt. Warum gerade das „Zehnersystem"? Wahrscheinlich einfach deshalb, weil der Mensch zehn Finger hat.

Division Das Teilen von Zahlen. Geteilt wird der Dividend durch den Divisor. Das Ergebnis heißt Quotient.

Geometrie Das Wort kommt aus dem Griechischen und bedeutet „Erdmaß". Dieses Teilgebiet der Mathematik beschäftigt sich mit Längen, Winkeln, Flächen usw.

Googol So wird die Zahl 10 hoch 100 genannt – eine 1 mit 100 Nullen.

Logik Das ist die Kunst, aus vorgegebenen Aussagen die richtigen Schlüsse zu ziehen.

Million Ein Zahlwort, das aus dem Italienischen stammt und in etwa „Großtausend" bedeutet: 1000 x 1000 = 1 000 000.

Multiplikation Das Malnehmen. Mindestens zwei Faktoren werden malgenommen und ergeben ein Produkt.

Paradoxon Auch: Paradox. Das ist das griechische Wort für einen Widerspruch, z. B. „Dieser Satz ist falsch“ – wenn der Satz falsch wäre, wäre er ja wieder richtig.
Pi Der 16. Buchstabe des griechischen Alphabets ist Namensgeber der berühmten Kreiszahl (3,14…).
Potenz Beim Potenzieren wird ein Faktor wiederholt multipliziert. 4^3 könntest du auch als 4 x 4 x 4 schreiben.
Primzahl Eine natürliche Zahl, die nur durch sich selbst und durch 1 teilbar ist.
Pyramide Eine geometrische Form. Im Gegensatz zum Kegel mit einem Kreis als Grundfläche ist die Grundfläche der Pyramide eckig.
Quadrat So nennt man zum einen ein regelmäßiges Viereck, aber auch die Multiplikation einer Zahl mit sich selbst.
Radius Die Hälfte des Kreisdurchmessers wird Radius genannt.
Stochastik Dieses Teilgebiet der Mathematik beschäftigt sich mit Wahrscheinlichkeitsrechnung.
Subtraktion Das Abziehen einer oder mehrerer Zahlen von einer anderen. Die Zahl, von der etwas abgezogen wird, heißt Minuend. Die abgezogenen Zahlen sind die Subtrahenden. Das Ergebnis ist die Differenz.

Winkel Zwei Linien, die einen gemeinsamen Anfangspunkt haben, bilden einen Winkel. Ein Vollwinkel hat 360 Grad. Einen 90-Grad-Winkel bezeichnet man auch als „rechten Winkel“.
Ziffer So heißen die Schriftzeichen zur Darstellung von Zahlen. Unsere Ziffern lauten 0, 1, 2, 3, 4, 5, 6, 7, 8 und 9.
Zirkel Ein Gerät zum Zeichnen von Kreisen. Der Zirkel war bereits in der Antike bekannt.

Ein Ende ...

... gibt es in der Mathematik nicht immer, im Gegenteil: Hier wird sogar mit der Unendlichkeit gerechnet! Als Symbol für die Unendlichkeit wird eine liegende 8 verwendet, die auch die Bezeichnung „Lemniskate“ trägt.

Was bedeutet Unendlichkeit? Ganz einfach: Wenn du anfangen würdest zu zählen 1, 2, 3, 4, 5..., könntest du fortfahren bis in alle Ewigkeit – du würdest zu keinem Ende gelangen. Das Gleiche gilt, wenn du einen Punkt zeichnest: Du könntest diesen – zumindest theoretisch – immer noch ein Stück kleiner zeichnen, denn Punkte sind unendlich klein.

Das Rechnen mit der Unendlichkeit ist sehr einfach:

- ▸ Zählst du eine Zahl zur Unendlichkeit hinzu oder ziehst eine Zahl ab, ist das Ergebnis ∞.
- ▸ Multiplizierst du eine beliebige Zahl mit der Unendlichkeit, ist das Ergebnis ∞.
- ▸ Teilst du eine Zahl durch die Unendlichkeit, geht diese gegen 0.

LÖSUNG

M